李博男　李　贺 / 编著

景观设计手绘表达
DRAWING FOR LANDSCAPE DESIGN

U0245073

大连理工大学出版社

图书在版编目(CIP)数据

景观设计手绘表达 / 李博男, 李贺编著. — 大连：
大连理工大学出版社, 2014.7（2025.3重印）
　ISBN 978-7-5611-9149-1

　Ⅰ.①景… Ⅱ.①李… ②李… Ⅲ.①景观设计—绘
画技法 Ⅳ.①TU986.2

中国版本图书馆CIP数据核字（2014）第100252号

出版发行：大连理工大学出版社
　　　　　（地址：大连市软件园路80号　邮编：116023）
印　　刷：大连朕鑫印刷物资有限公司
幅面尺寸：260mm × 185mm
印　　张：11
字　　数：242千字
出版时间：2014年7月第1版
印刷时间：2025年3月第3次印刷
责任编辑：裘美倩
责任校对：王秀媛
封面设计：洪　烘

ISBN 978-7-5611-9149-1
定　　价：58.00元

邮购及零售：0411-84706041
E-mail：dutp@dutp.cn
URL：https://www.dutp.cn

如有质量问题请联系营销中心：（0411）84707410　　84708842

序

　　自人类出现之日起，艺术行为便随之产生。从绳子打结到石头刻符，再到壁画的出现，一系列图像语言的创作都是人类聪明才智的显现。在这其中，手的作用功不可没。

　　眼睛是心灵的窗户，而手的操作让人心想的东西变为可见、可用的东西。手是人类创造的工具，灵活的双手是人类做一切事情所依赖的载体。

　　在社会进步的过程中，人发明各种机器来解放手的繁重劳动，或延伸手在工作能力方面的不足及局限性，于是一系列符合手工操作原理的工具不断地涌现。在艺术设计领域，电脑对于画笔的取代是一个革命性的变革。在今天的设计教育中，电脑作为一种高效、快捷、表现力强的先进"武器"，对世界上无数行业的发展进行了质性地改造，成为人类社会进程中一个里程碑式的标志。在学校教育中，学会电脑便意味着取得了进入信息社会的通行证，反之则停留在前一个发展阶段。从照相术到电脑，人类力图在复制自然方面找到一个优于手工表达的理想机器，不但能够复制自然中所看到的东西，同时又能创造出一个想象中的"真实的世界"，电脑的出现使人的这一愿望变成了现实。在设计创作之初，预想图是设计作品变为现实之前，设计师创作灵感的集散之地，是现实作品成型之前的虚拟再现，电脑的模拟能力正好能够满足人们希望预先看到设计结果的心理要求，因此，电脑创作预想图成为设计师们普遍选择的创作途径。

　　在电脑的作用被广泛认可的舆论之下，一股提倡为设计中的手绘正名之风又悄然升起。几年的电脑效果图"热风"吹过之后，人们的思想又回到了艺术创作的原点。艺术的本质是什么？电脑做了艺术创作中的哪一部分工作？在电脑热的潮流之中，我们的电脑艺术又使创作者丢失了哪些艺术活动中最美好的东西？这些论题又浮出水面。

回顾设计发展的历史，有众多的大师以手绘的方式创作出惊世骇俗的设计作品。曾有人在看到柯布西耶的创作手稿时惊呼："创作的全部内在和谐都表现在思考性的图画中，而今日的艺术家们竟会对这一基本的动力、这一设计的支柱不感兴趣，真令人难以置信。"除柯布西耶之外，手绘创作的大师还有许多，包括贝聿铭、安藤忠雄、伍重等设计界名家。有人会说："这些大师的成功依赖于手绘，是因为他们生活的年代不是信息时代。"但不可否认的是，手绘为他们提供了设计的直观展示方式，以图像的角度让带有个人气质的精美作品展示于世。手是人体器官的末枝，它贯通大脑发出的指令，人的差异性可以反应在手的劳动成果中，艺术的存异价值可以在手法的高低中一览无余。而在计算机操作中，键盘所发出的指令仅仅能打开程序所规定的基本内容，无法全部反映出艺术所强调的个性化气质，因此电脑的强大功能难以满足人对艺术的挑剔性的个性化需求。可见，即使在科技高度发达的今天，手绘依然是学校教育及艺术设计创作不可或缺的一项内容。

在手绘创作中同样需要注意的是，同电脑热潮一样，当一种艺术表现形式成为一种模式的时候，艺术就会另寻出路。手绘创作是设计师心智的开启，它依靠美的秩序为生活创造美的事物，而创新是创作成熟的标志。希望年轻一代的设计师们将灵巧而智慧的双手作为将思想转换为现实的依靠和手段，在科技的平台上将自己的创作才智奉献给整个人类社会。

东北师范大学美术学院院长　王铁军

2014 年 4 月 30 日

目　录

第一章　概述

一、手绘的意义与作用 / 002

二、如何画好手绘 / 003

第二章　画好效果图的前提和基础

一、素描 / 010

二、色彩 / 011

三、速写 / 017

第三章　材料和工具

一、笔类 / 025

二、纸类 / 028

三、其他辅助工具 / 028

四、用不同的技法以及工具绘制的效果图 / 028

第四章　透视

一、透视的基本概念 / 032

二、透视的基本规律 / 034

三、透视的视点选择 / 054

四、圆的透视 / 054

　　五、透视的实际应用 / 058

第五章　手绘的基本要素
　　一、构图的技巧 / 064
　　二、线条的表情 / 069
　　三、马克笔基本用法及上色技巧 / 074

第六章　景观效果图的环境因素
　　一、植物 / 078
　　二、山石、水体 / 086
　　三、铺装 / 088
　　四、人 / 089
　　五、环境气氛 / 091

第七章　马克笔景观效果图的绘制方法
　　一、马克笔景观效果图的绘制步骤 / 096
　　二、实例 / 099

第八章　作品赏析
　　一、学生组品 / 110
　　二、优秀效果图欣赏 / 119
　　三、实际案例欣赏 / 143

参考文献 / 167
鸣谢 / 168

第一章
概　述

一、手绘的意义与作用

手绘表现在目前高校的艺术设计专业中基本都是作为专业基础课程出现的。尤其是对于建筑设计、室内设计、景观设计、城市规划等专业学习而言，手绘表现的作用则显得更为重要。扎实的手绘表现技法被公认为是专业设计的基本修养，高水平的手绘效果图既可以看做是设计师创作灵感的快速记录和准确表达，而且也具有一定的艺术欣赏价值（图 1.1）。

在电脑技术迅速发展的今天，有人提出对手绘效果图价值的质疑。对此，一方面不可否认电脑效果图的确有更直观、真实、准确、易于修改等优点；但另一方面也必须强调手绘效果图具有速度快，更为生动、概括，更利于表达和培养设计理念的长处。

手绘表现图从作用上来看可大致分为草图与效果图两类，草图是设计师在整个设计过程中的各个阶段需要多次运用的，不仅包括立面图和平面图，最重要的是快速表现空间造型及关系的透视图。效果图则是完成整体设计构思后的最终展现，画面既要有准确的透视关系，反映建筑以及

图 1.1　作者：巴拉甘　安东尼奥·格雷夫兹（Antonio Galves）住宅

室内外的空间感，同时要兼顾材料质感、色彩变化、光影层次以及整体与局部的比例关系和尺度关系上的准确性等因素（图1.2）。

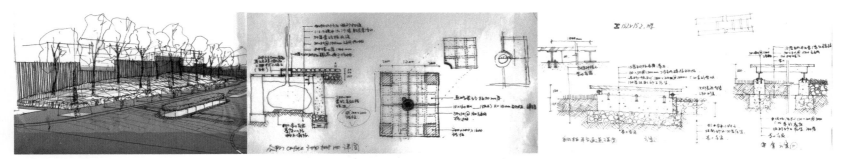

图1.2　作者：黄狄　北京标准营造事务所

　　无论是在设计过程中还是在实际应用的过程中，手绘表现图的作用都是最为直观和形象化的。首先是可以让人直观地了解设计师的意图，以便他人审查、讨论，作出选择、采纳、批准或修改的决定，即使是非专业人员也可以通过直观图像对设计意图心领神会。其次，一旦方案确定，最终的效果图对于指导施工、控制最终效果及整体对外宣传也是必不可少的。

　　手绘技法的训练对于初学者来说则更为重要。学生一方面可以通过大量手绘训练为各种方案设计草图的绘制、各种快题设计打下扎实的造型能力基础；从长远来看更重要的是可以培养学生对环境、建筑等敏锐的观察力、鲜活的感受力以及高度的概括表现力等全面综合的能力。而众多的设计单位也将手绘快题设计作为人员招聘的主要考查方式。因此具备一定的手绘设计能力已经成为升学和求职不可或缺的重要技能。与此同时，也成为衡量设计师能力的重要标准之一。

二、如何画好手绘

1. 培养对周围事物的观察与感知

　　要想画好手绘必须培养自己对周围一切事物的敏感性，不断地告诉自己要用设计师的眼光来观察自己所处的环境。大到一座建筑的结构、一个小区的规划，小到一块石头的棱角、一棵树的枝叶，甚至光线的强弱，色彩的细微差别。了解观察对象的整体特征、材料、色彩、尺度以及其所处的环境等，得出自己对所观察对象的比较全面的认识。例如，我们通过观察图1.3可以得到以下关键词和结论：孤植，景观树种，颜色与周围树种颜色形成对比，与客厅窗子形成对景，树池特殊处理，树池与地面铺装质感形成对比，图片以冷色为主，视觉焦点为景观树，画面光线柔和，景观树受光面偏暖，背光面偏冷等等。

图 1.3

2. 培养主观对客观的概括与再创作

我们不仅仅要观察事物，感知事物，还要学会从观察和感知得到的一系列要素中，提炼出对自己创作有用的，并加入个人主观的色彩，对其进行再创作，例如，所要表现的场景是庄重的，还是欢快的，是静谧的，还是热烈的，从而选择所需要的工具，并决定画面的构图、主体色调等（图 1.4、图 1.5）。

图 1.4 和图 1.5 的主题都是"假日"，但给人的感觉是完全不一样的，你会用"风和日丽"、"安逸"、"享受"、"心情开阔"等词来形容第一幅图,体现的是悠闲的长假,人们放松心情与家人朋友一起相约海滨,感受阳光大海的气息。而第二幅图你会用"城市"、"繁荣"、"忙碌"、"喧闹"等词来形容,体现的是短暂的假期,城市并没有因为周末的到来改变任何事情,人们还是忙碌的购物,擦肩而过,为生活所需奔波,只能三五好友小聚一起喝茶闲聊。一个主题却用不同的构图、技法与色彩表现不同的情形。

图 1.4　作者：李博男

图 1.5　作者：李博男

3. 注重"思维的图像化"训练

创造性手绘的过程是脑、眼、手相互配合的过程,手绘推动设计思维的不断转化、深入,使设计想法快速呈现在你的眼前。看到平面布置图,让所有空间关系迅速在脑海里形成,这是一个从二维平面到三维空间的转化过程;头脑里形成的各种空间关系以及画面各要素的相互关系,经过大脑的重新组织、提炼,形成构图,通过手绘再到平面效果图,这是一个从三维空间到二维平面的转化过程。所以说思维的图像化也就是二维与三维的相互转换。初学者要经过不断地练习才能做到胸有成竹,自由地实现这种转换。

练习：根据现有的平面，寻找最佳表现视点，画出其效果图

根据所给场地条件，考虑功能需要、当地气候、业主爱好等各种因素，绘制平面布局图，要求标出各部分名称、材质、高差等（图1.6）。根据平面布局图，绘制主要立面图（图1.7）。根据立面，在脑海里形成空间，确定透视及构图，绘成最终效果图（图1.8、图1.9）。

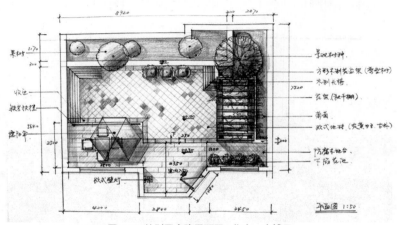

图 1.6　某别墅庭院平面图　作者：李博男

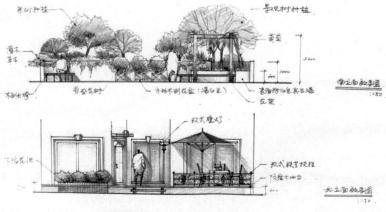

图 1.7　某别墅庭院立面图　作者：李博男

图 1.8　某别墅庭院效果图角度一

图 1.9　某别墅庭院效果图角度二

4. 培养自信心，放松心态

我们在学习的过程中，要主动、充满激情，被动地接受技能与机械的临摹是不能有所收获的。能够正确地认识到自己的不足与优势，保持平和的心态，不要急于求成，更要意识到自己是有具有审美判断力、有主见的，在先期临摹的基础上，完全可以发挥自己的特长，形成自己独特的风格。

5. 注重基础，坚持不懈

练好基本功，养成画草图日记的习惯。保持对事物的敏锐感，当对某种环境、建筑、现象、形体等有感觉时，应立即捕捉这种感觉，用高度概括的笔触表现出瞬间的印象，或简单地上色，记录当时的氛围（图1.10）。

综上所述，本书的出版希望能为初学者、即将参加入学考试的应试者和需要提高手绘技能的求职者提供一些切实而有效的帮助。祝你们成功！

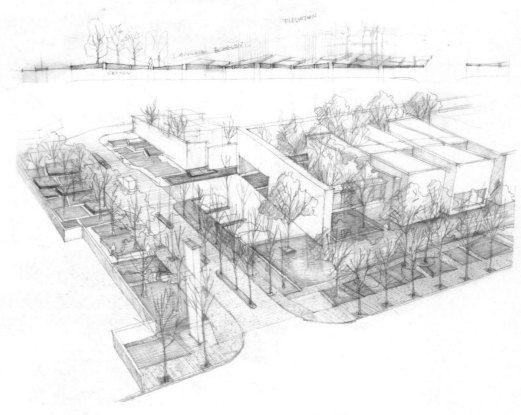

图 1.10　作者：黄狄　北京标准营造事务所

第二章
画好效果图的前提和基础

素描、色彩和速写是画好手绘的前提和基础，同时，构成手绘效果图画面的基本要素也与三者息息相关。

一、素描

"除了色彩，素描包含一切，素描包括了四分之三的绘画。"——安格尔

素描是绘画艺术造型语言的基础，除了色彩方面的内容外，素描包含了绘画造型艺术的一切基本法则、规律和要素。素描是绘画领域中一种独立的表现手段和艺术样式，是一个独立的画种。

素描要解决的主要问题就是形体、质感和光影。俗话说"万物离不开方圆"，我们通常所见到的物体都是由几何体演变而来的。例如，柏树类似于圆锥，灌木类似于球体，各类建筑更是由各种几何体相互组合、叠加、穿插而成。复杂的光影变化可以归纳成明、暗两大系统，也可细分为我们通常所说的素描五大调——亮面、灰面、明暗交界线、反光和投影，五大调子的排序规律，不受光线强弱、固有色及观察远近的影响。有了这些概念，在我们画任何物体的时候，可以按照先整体观察、从大体出发，画出基本的几何形，再深入细节，加上明暗、投影的步骤进行（图 2.1）。

建议：

在画效果图之前我们有必要进行一段时期的素描专业训练。

可用钢笔、绘图笔做些简单的素描练习，用线而不是调子来表现物体的明暗关系（图 2.2）。

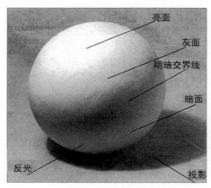

图 2.1

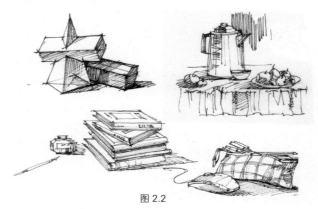

图 2.2

二、色彩

"有了色彩，你可以强调、可以分类、可以隔开，只有黑色，你就陷在泥里了，你就输了。永远提醒自己：画面必须易于观看，色彩就是你的救星。"——勒·柯布西耶

一幅画里色彩的重要性是不言而喻的，画画前你必须考虑画面是什么色彩基调，色彩如何选择、分配以及色彩之间的相互关系，你还必须要了解色彩搭配的技巧以及如何利用色彩的属性来使你的画面看起来更舒服、更吸引人。

1. 色彩的属性

①色相：即色彩的名称，红、黄、蓝等。

色相环：色相环（图 2.3）包括三原色与三次色，三原色是红黄蓝，三次色是橙绿紫。三次色由三原色混合而来（图 2.4）。

对比色：色环中相对的两个颜色——红与绿、橙与蓝、黄与紫互为对比色或补色。三原色中任意两个颜色混合，得到的颜色就是另外一个颜色的对比色。使用对比色的时候，如果两个对比色相邻会互相映衬，形成强烈的反差，对比强烈。如果互相混合，则呈现一种

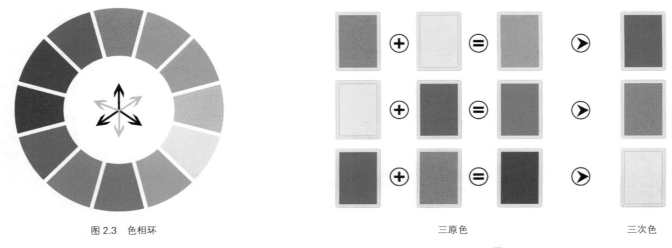

图 2.3　色相环　　　　　　　　　　　　　　　　三原色　　　　　　　　　　　　三次色

图 2.4

灰褐色。绘制效果图的时候，学会运用对比色会使画面呈现出意想不到的效果。如图 2.5，作者用蓝紫色系和褐色系控制整个画面。主体建筑为褐色，透明玻璃窗为明亮的黄色调，饱和度较低，前面的道路、远处的建筑以及背景天空用蓝紫色调渲染，与建筑形成对比，黄色调与紫色调中间用明度和饱和度都很低的紫红色来协调，既突出了主体又使画面层次分明。

图 2.5　作者：张宏玉

色调过渡：在色相环中三种连续色彩的使用创造了一种色彩的过渡，使色调看起来和谐自然（图2.6）。

②明度：色彩的明暗。色相明度不变，饱和度变化（图2.7）。

③饱和度：色彩的浓度。色相饱和度不变，明度变化（图2.8）。

色相、明度、饱和度三个属性，改变其中任何一个，都不会影响其他两个。

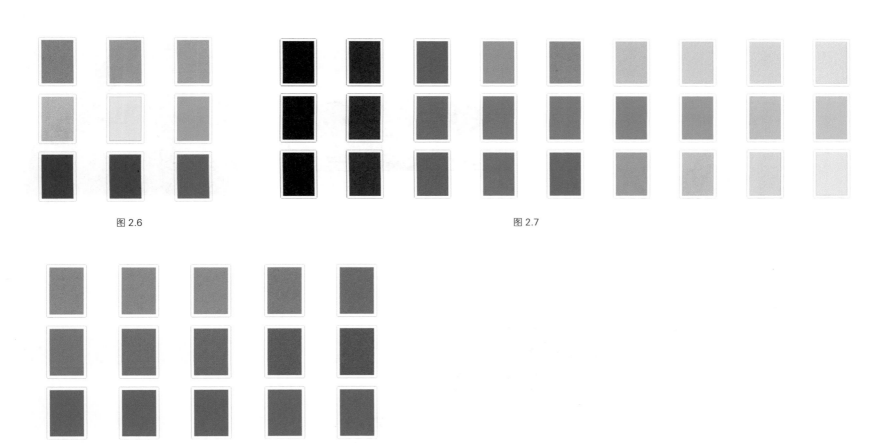

图2.6 图2.7

图2.8

2. 画面中的色彩现象

①物体的固有色：每个物体都有固有色，与其本身的材料相一致。如图 2.9，棚顶为黑色，地面为中黄色，墙面为白色，桌椅、楼梯为天然木色。

②明、暗、阴影：依据他们与光源的位置，每个物体都会有较明或较暗的面，这种明暗程度又与此物体固有色相吻合。如图 2.10，桌面上各物体都有自己的固有色，各物体的暗部颜色也都符合其本身的固有色，透明花瓶的暗部再深也深不过墙洞里瓷碗的固有蓝色。

图 2.9　巴拉甘自宅

图 2.10　作者：李博男

③环境色：

　　在一定的情况下物体暗部和阴影部分的颜色也受光或环境的影响，产生微妙的色彩变化。如图 2.11，绘制效果图时应注意罐子的暗部和窗前黑色的地面都受到红色墙面的影响。

图 2.11　作者：李博男

④色彩的多样性：不要看见什么颜色就画什么颜色，应该对所画物体进行色彩分析。大自然的色彩是多样的，即使同一颜色的物体，其本身色彩也会因为光照强弱和环境色的影响产生变化。图 2.12 表现的是深秋的清晨。石头墙壁不单单是我们平时所见到的那样，只有单一的土黄色或者灰色，画家在画画的时候，将建筑物整体的颜色确定为以熟褐、赭石以及土黄为主要色调，并主观地将受光面加入纯度和明度较高的黄色。建筑物的上部由于受天光和周围树木的影响又加了点青灰和橄榄绿，背光部分则选用冷灰色、淡紫色等，使整个建筑物看起来色彩丰富、空间感更强，同时这些色彩使画面和谐统一。树木的颜色饱和度和明度都很低，用来突出主体建筑。即使同一种树，近处和远处的颜色也不一样，近处的颜色浓重丰富，远处的由于大气中的水和灰尘的影响，颜色变冷、变灰、变淡。

⑤色彩的协调和统一：画面中的色彩既对比又协调，相互渗透，并使画面整体呈现一种色彩倾向。可参考前面所讲的对比色和过渡色的运用。图 2.13a 表现的天空色彩浓重，建筑物整体为暖色，明度对比强烈。无论是建筑还是植物，其色彩的饱和度都很低。建筑的受光面颜色偏亮白，建筑的背光面和天空呈现出淡淡的暖紫色。黄紫为对比色，将二者的饱和度降低，用中间色——同样也是饱和度很低的暖绿色调和，和谐中有微微的对比，画面协调统一。图 2.13b 运用对比色画法且明度对比强烈，但色彩饱和度较低。画面的视觉焦点明度较高，呈暖色，占的比重较少；背景天空蓝灰色与暖橙色互相融合，二者饱和度较低，既对比又协调。构图时把建筑物主体放在

图 2.12　作者：安鹏

图 2.13a　作者：张福贤

图 2.13b　作者：张森

图面的黄金分割处，有很强的视觉冲击力。

⑥色彩的分布决定画面的节奏感：一幅画的画面中各要素合理安排、色彩重复出现就会形成画面的节奏。而这种重复出现是我们主观强加给画面的一种"感情"。

如图2.14，画面中主体建筑呈一字形布局，高低错落的建筑和近处蜿蜒的道路增加了画面的节奏。画面色彩饱和度较高，冷暖、明度对比强烈，使人眼前一亮。建筑物明度高，并用橘红、群青、柠檬黄及粉色从中点缀。天空和水面为蓝色，天空中云彩以及水中建筑和船倒影的处理，用笔活泼、节奏感强。

图2.14 作者：安鹏

三、速写

速写，是一种快速的写生方法，它能培养我们敏锐的观察能力，高度绘画概括能力，使我们能在短暂的时间内画出对象的特征。同时速写能为创作收集大量素材，并且能提高我们对形象的记忆能力和默写能力。速写同素描一样不但是造型艺术的基础，也是一种独立的艺术形式。

素描和速写不是相互取代，而是互为补充，互为促进。素描能锻炼人的理性思考和判断力，深入处理和刻画对象的能力，比较全面地观察和表现物象的形体、结构、动态和明暗关系，培养慎密的思维，系统地理解和掌握艺术的规律。速写的生动、朴实是建立在对事物深层的认识理解之上的。而速写最为重要的两大因素——构图和线条则是基于对素描的充分理解和掌握的基础之上。速写作为一种独立的艺术表现形式，更有其自身无可替代的价值。

速写是手绘训练最有效的途径。

生活中处处存在着美的事物，我们要以我们特有的方式（比如说草图日记）把它记录下来。通过不断地观察，你会发现，一般人习以为常的事物慢慢变得生动起来，你的观察力逐渐变得更加敏锐，对画面的掌控也更加主观，取消画面中不必要的元素，添加你认为有用的成分，使画面更加丰富、有层次，逐渐形成个人的风格和技巧。

这些通过你的笔记录下来的东西，属于你的精神感受，对于今后的表达和创作来说弥足珍贵，应养成收集、整理、修改的习惯，尽量多画草图。要知道，任何文字都代替不了草图中提供的视觉形象。

初学者学习速写，应该按照由慢到快，由简入繁，由静到动的顺序进行训练，养成天天画速写的习惯。欣赏图 2.15 至图 2.21，仔细体会速写的美感和韵味。

关于速写的构图以及线条，将在第五章里详细讲解。

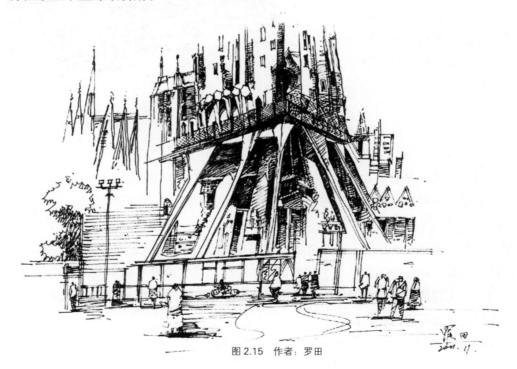

图 2.15 作者：罗田

图 2.16　作者：罗田

图 2.17　作者：罗田

图 2.18　作者：罗田

图 2.19　作者：罗田

图 2.20　作者：李贺

图 2.21　作者：李贺

第三章
材料和工具

手绘的表现工具种类繁多，在 20 世纪八九十年代，电脑绘图还未被广泛应用到设计领域，所以效果图主要以手绘的形式表现，一幅效果图要达到精细真实的效果往往需要几天甚至几周的时间才能完成，那时的工具一般有水粉笔、排笔、各种型号的尼龙笔、喷笔以及各类颜料（图 3.1）。随着设计行业的不断发展，电脑承担了大量的效果图绘制的工作，方便快捷，效果接近真实，所以效果图长期表现基本很少见到了。设计师在最初方案构思时往往采用快速表现的手绘形式来进行效果图的绘制。本章主要的内容就是介绍快速表现所用到的一些材料和工具。

图 3.1

一、 笔类

1. 线绘工具：

①铅笔：草图阶段或起稿时的常用工具。铅笔经济方便、控制自如、画出的线形多种多样，运用灵活自由，修改方便，易于控制画面整体效果。但铅笔绘制的线条往往不够简练干净，初学者往往会过度依赖铅笔。

②炭笔：草图阶段使用的工具，表现画面整体大的黑白关系，表现力、概念性较强，画出来常常有意想不到的效果。

③钢笔：绘图常用钢笔分书法钢笔和美工钢笔。书法钢笔的笔尖有弯折，画出的线条多样，有粗有细，速写常用。美工钢笔的笔尖型号种类繁多，可更换，画出的线条粗细均匀、流畅自如，是较为理想的绘制线稿工具。

④针管笔：绘制建筑制图的常用工具。运笔时速度慢，笔杆垂直，如果一段时间不使用笔尖会堵。笔尖有多种型号。一般不适合快速表现，因为针管笔为针状笔尖，快速运笔时会划纸，出现断线现象。

⑤钢珠笔：即水性圆珠笔，笔尖前端有微型钢珠，绘制的线条非常流畅，是较为理想的线绘工具，经济实用。

⑥纤维笔（一次性针管笔）：笔尖带有弹性，软硬适中，有多种型号，多种颜色，为最常用线绘工具。绘制线条粗细均匀，流畅自如，但笔尖易磨损。

2. 彩绘工具：

①马克笔：马克笔分油性和水性两种。常用的为油性马克笔。油性马克笔色彩滋润饱和，是苯胺颜料与二甲苯或酒精溶合，由于载体溶剂挥发得快，所以画出的颜色干的也快，不易弄皱纸，颜色种类繁多，适合快速表现。景观效果图表现最常用的是灰色系和绿色系。在进行马克笔绘制效果图的时候，要注意通风，防止二甲苯中毒。

②彩铅：彩铅也有油性和水性之分，也是较为常用的绘图工具。彩铅的特点是灵活性较强，能画出漂亮的过渡以及特殊的质感，但是彩铅看似简单，其实费时费力，所以常作为效果图表现后期处理工具。笔者建议使用水溶性彩铅，铅芯较软，上色效果好。

③水彩：水彩一直被认定为建筑师必须掌握的技能之一，难度大，需要绘图者本身有很高的艺术修养、对画面有很强的控制能力和丰富的经验。一直以来，笔者把水彩建筑表现作为教学的重要部分，目的是要求学生真真正正感受水彩的魅力，体验绘画的乐趣（图3.2、图3.3、图3.4、图3.5）。

图3.2　作者：崔景凤

图3.3　作者：丰特

图 3.4　作者：靳丹丹

图 3.5　作者：田婷婷

3. 细节强调工具：

在效果图绘制后期，起点睛作用的工具。常用的有修正液、提线笔、白色水粉、留白胶以及一些具有特殊效果的笔，如金线笔、银线笔等。

二、纸类

1. **一般复印纸**：廉价好用，有一定的吸水性，无论是画草图还是效果图都可，推荐使用。

2. **硫酸纸与草图纸**：硫酸纸为半透明白色，质地有薄有厚，遇水易皱，近年来也被用于效果图绘制，通常的方法是：在硫酸纸的正面画线稿，背面用马克笔彩铅着色。草图纸分半透明黄色、白色两种，质地较薄，可多层复用、拷贝等。

3. **有色纸**：有色纸有很多种类，在这里列举两种较为常用的进口纸：马克纸和康颂纸（也叫坎森纸）。马克纸的质地比复印纸稍厚，颜色繁多，常用的有浅灰、米色、奶白色、茶色、浅灰绿色等等，马克笔上色不易褪色，反复叠加也不会起皱变形，彩铅上铅效果好。康颂纸质地较厚，类似水彩纸，颜色繁多，吸水性强，适合各种工具（水粉、水彩、马克笔、彩铅等）。这两种纸的价格稍贵，一般只在专卖店里销售。

三、其他辅助工具

橡皮、三角板、平行尺、曲尺以及扫描仪、电脑（做后期处理）等。

四、用不同的技法以及工具绘制的效果图

从概念草图到最终的效果图完成，不同的设计、不同的方案、不同的表现目的，需要不同的技法与工具，或是多种技法相结合，这样才能使画面看起来更丰富，所以我们有必要掌握多种技法，这样运用起来才能得心应手，从而更好地表现我们的设计。如图3.6、图3.7，运用水粉、水彩、马克笔、彩铅、钢笔淡彩、综合技法、手绘与电脑结合等。

图 3.6　作者：孙士帅

图 3.7　作者：马含玉

第四章

透　视

一、透视的基本概念

透视为一种视觉现象，当人观察物体时，物体在人的视网膜上成像，即假设在视点（眼睛位置）与物体之间直立一个透明平面，透过平面观察物体，并将物体描绘在平面上的方法。简单的说，透视就是把三维的视角用二维表现出来，表现了一幅画的立体感，使画面效果接近真实。透视是表现图的关键所在，需要清醒的头脑和缜密的思维将其准确表达出来，它是手绘表现图的框架，是构建场景的第一步，是营造画面效果的基础。但手绘表现图不是计算精确的工程制图，它是主观的、带有一定表现力的，着重表现设计师的创意思维的效果图。我们学习透视的主要目的是了解透视的基本原理，掌握透视规律，在手绘表现过程中灵活运用，从而快速合理地构建画面。因此在这里必须强调透视的重要性：透视不对，一切都是徒劳的。

1. 透视的基本用语及概念

为了清楚地理解透视的基本原理，必须先了解透视学中关于透视图的一些术语及概念（图 4.1）。

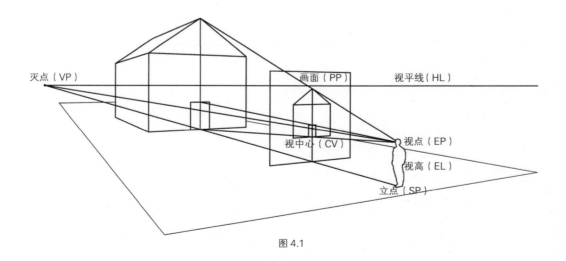

图 4.1

立点（SP）：也称停点、站点、驻点，指观察者的位置。

视点（EP）：观察者眼睛的位置。

视高（EL）：视点 EP 到立点 SP 的垂直距离。

视平线（HL）：通过视点 EP 的水平线。

视中心（CV）：从视点 EP 出发，垂直于画面 PP 并与视平线 HL 的交点。

画面（PP）：观察者与被观察物体之间垂直于视线和地面的假想平面。

灭点（VP）：也称消失点，空间中互相平行的变线在画面上汇集到视平线上 HL 的交叉点。

测点（MP）：也称量点（M），求透视图中物体尺度的临时测量点。

真高线：成角透视中高的尺度线。

60° 视域范围：以视中线为轴的 60° 视锥，视锥以内物体视觉效果最清晰，该范围之外形体发生畸变，色彩变得模糊（图 4.2）。

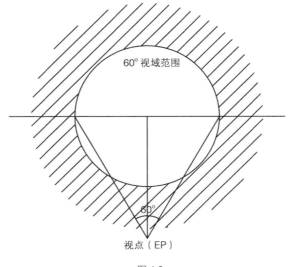

图 4.2

二、透视的基本规律

室外效果图中，常用透视为一点透视、两点透视，另外还有三点透视和多点透视。

1. 一点透视

①概念

一点透视也称为平行透视，方体构筑物的某一立面与画面平行，其他垂直于该立面的诸线汇集于视平线的消失点上，与心点重合（心点：视心线与画面投影的交点）。

②三种线型

原来水平的线仍保持水平；

原来垂直的线仍保持垂直；

与画面垂直的平行线交于视平线上的消失点（透视线）。

③特点

一点透视易表现，纵深感强，画面静止、稳定，适于表现雄伟、庄严、具有纪念意义的建筑室外场景，但略显呆板，不够灵活（图4.3）。

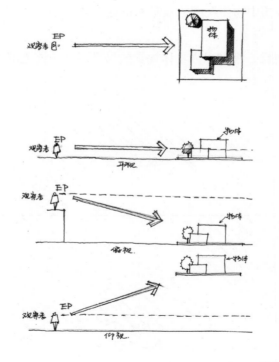

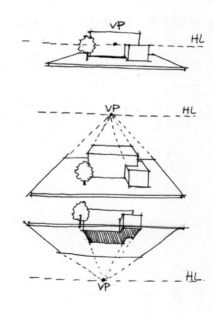

图4.3

④一点透视绘图方法（一）

一点透视是最基本，也是很常用的一种透视形式，无论是从理解上还是制图上都是最简单明了的。我们通过一个室内空间来讲解一点透视的绘制方法与步骤。

首先我们给出一个房间的平面，设定其进深为 5m，开间 4m，高 3m。EP 为视点，箭头方向为视线方向，视线方向与建筑北侧墙面垂直（图 4.4）。

此时视点的位置为房间左右宽向的中央三分之一范围内，根据透视"近大远小"原则，此时可以近似地认为房间左右墙角距观察位置等长，可使用一点透视制图。

步骤一

在绘图纸上画一个长方形 ABCD，长、宽分别为 4m、3m。即为建筑南墙。并在对应边上标好用来计算的 1m 刻度。此时的 1m 刻度起到"基准"的作用，在计算室内进深的时候以其为标准单位（图 4.5）。

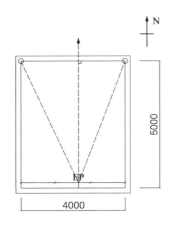

图 4.4

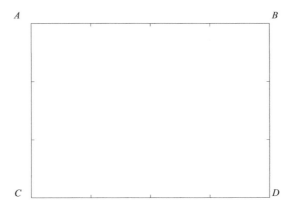

图 4.5

步骤二

确定视平线 HL（以下简称 HL），以正常人的平均身高，大概 1.6m 或 1.7m 左右做水平线，视平线在长方形 *ABCD* 中间偏上一点，并相交于 *E*、*F*（图 4.6）。

这个高度并不是一成不变的，在以后的表现图中为表现不同的效果，经常会改变这个高度。

确定灭点 VP（以下简称 VP），VP 位于 HL 上，分别连接 VP 与 *A*、*B*、*C*、*D* 四点，作出四条线，分别代表室内的两条天花脚线和两条地脚线（图 4.7）。

VP 在 *E*、*F* 之间中央三分之一范围内，可适当左右调整。但应避免在 *E*、*F* 的正中央，这样画面会太"正"，显得呆板没生气。若在表现图中要表现室内左侧墙面多些，VP 可以在 *E*、*F* 中央偏右；反之则偏左。

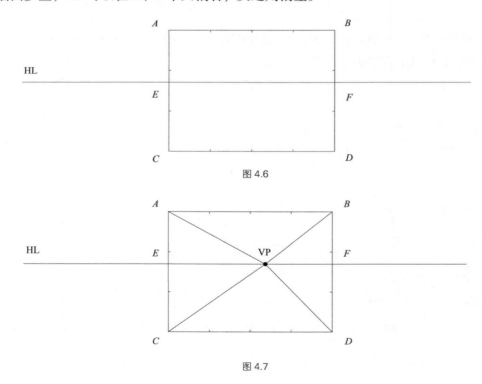

图 4.6

图 4.7

步骤三

此室内进深为 5m，所以延长 CD 边，并做出 5m 的刻度标记，用于计算室内进深。并在 HL 上做测点 M（以下简称 M），M 在 E 外侧，且 M 到 VP 的距离为实际观察距离，即 EP 到房间北侧墙面的距离，我们定其为 5m（图 4.8）。

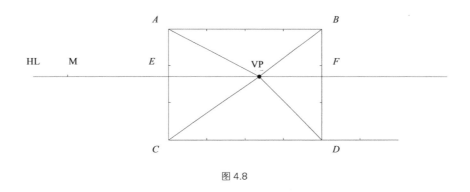

图 4.8

分别连接 M 与 1m~5m 的刻度标记，相交 VP 与 C 的连线于 1、2、3、4、5 五个点。这五个点即室内进深在透视图中的位置（图 4.9）。

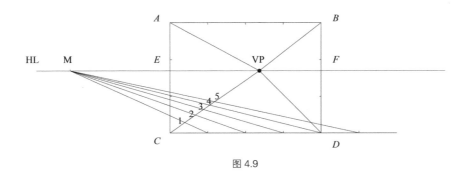

图 4.9

步骤四

过点5分别作垂直线和水平线，分别与 VP 与 A 的连线，VP 与 D 的连线相交，再过交点做水平、垂直线，交点位于 VP 与 B 的连线上。形成一个新的矩形，即为室内的北侧墙面（图 4.10）。

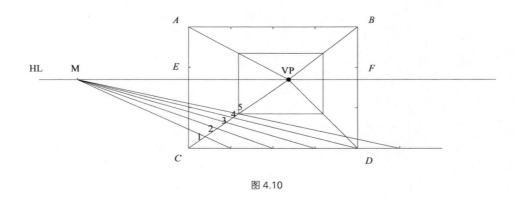

图 4.10

步骤五

同上，分别过点 1、2、3、4、5 做水平线和垂直线，再连接 VP 与 ABCD 上的各个标记点（图 4.11、图 4.12）。

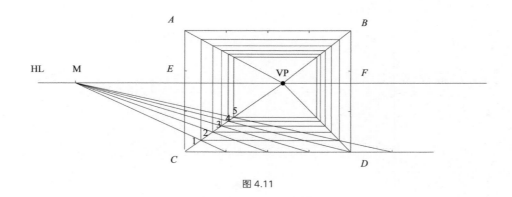

图 4.11

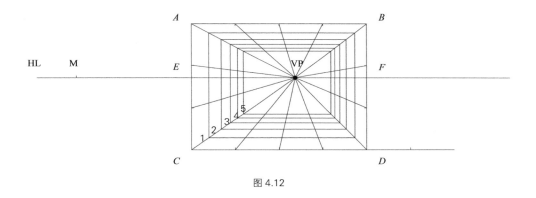

图 4.12

删除辅助线，可得到完整的室内透视框架网格，其中每一个格为 1m×1m（图 4.13）。

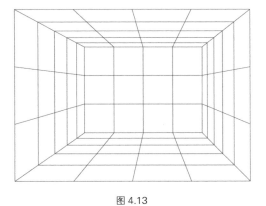

图 4.13

在一点透视绘制的过程中，首要注意的就是确定带有标准刻度的矩形 *ABCD* 为基准平面，宽与高的标准单位一致，比例准确。其次就是测点 M 的位置选择，通过大量的练习可以得知，M 越接近 VP，空间进深就被拉得越长；反之则进深较短。最后，我们在讲解的时候画出了室内的最大进深 5m，但是并不意味着一定要将最大进深作为表现范围，在实际的表现图绘制中，矩形 *ABCD* 往往作为一个虚拟平面而位于视点 EP 之后，而不会出现在画面中。

⑤一点透视绘图方法（二）

以上是一种由近及远的一点透视表现方法，下面再来介绍一种由远及近的计算表现方法。房间平面仍为 5m×4m，高 3m，视点 EP 在中央偏左（图 4.14）。

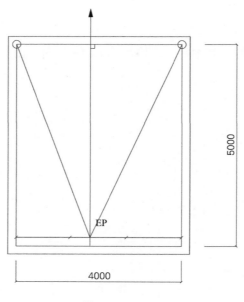

图 4.14

步骤一

将室内北墙作为基准，画矩形 *ABCD*，并标出相对应的尺寸刻度，依旧是 4m × 3m（图 4.15）。

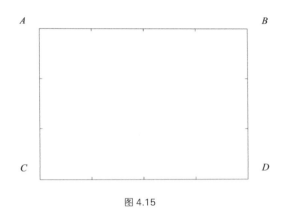

图 4.15

画出水平线 HL，与 *ABCD* 相交于 *E*、*F*。确定灭点 VP。过 VP 分别连接 *A*、*B*、*C*、*D* 并延长，形成室内天花脚线、地脚线（图 4.16）。

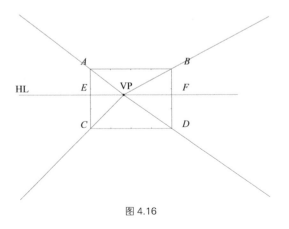

图 4.16

步骤二

将 CD 线延长，并以与基准单位相同的刻度标出 5 个点，代表室内进深 5m。

确定测点 M，M 在 F 外 5m 处（图 4.17）。

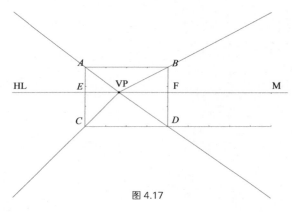

图 4.17

这样形成的透视框架与真实视觉相近。

分别连接 M 与 5 个刻度点并延长，相交 VP 与 D 延长线于 1、2、3、4、5 五个点，得到了室内进深 5m（图 4.18）。

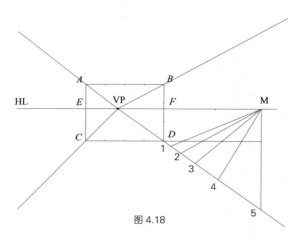

图 4.18

步骤三

与前面的方法相同，分别过 1、2、3、4、5 做水平线、垂直线（图 4.19、图 4.20）。

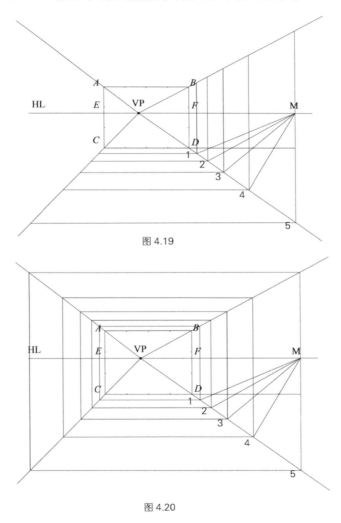

图 4.19

图 4.20

连接 VP 与各个焦点，删除辅助线，形成透视框架（图 4.21、图 4.22）。

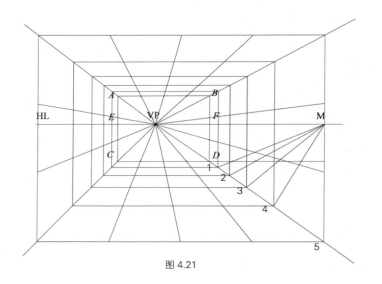

图 4.21

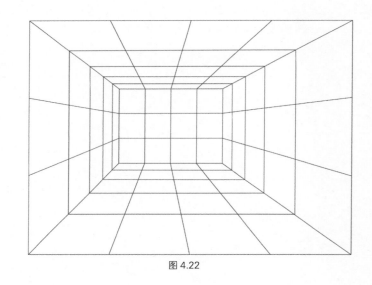

图 4.22

　　图 4.23 与图 4.24 都是用一点透视的方法来画的，画面较为稳定，纵深感强。我们可以看到这两幅图画面的视点高度就是地平线的高度，与人视点的高度一致，画面中人物的头部大致都在同一水平线，也就是地平线上。由此我们可以总结出：地平线与视平线一致，消失点也总是在地平线上，通常以人视点为地平线高度的画面中，人物的头部大致都在同一水平位置，也就是地平线的位置。

图 4.23　作者：李贺

图 4.24　作者：李贺

2. 两点透视

①概念

两点透视也称为成角透视，方体构筑物的所有立面与画面均成一定的角度，地脚线和顶角线分别消失于视平线左右的两个消失点上。

②两种线型

原来垂直于地面的还要保持垂直。

其他两组平行线分别交于墙角真高线两侧的两个消失点。

③特点

两点透视画面效果活泼，近于真实，是室外效果图常用的透视方法。正常情况下，视点高度即人眼高度（1.5m左右），也可以根据画面适当调整高度。但如果两个消失点离得太近，易出现夹角，造成画面失真。

④两点透视绘制方法

与一点透视相比，两点透视的绘制过程相对复杂，但有了对一点透视中关于灭点VP，测点M和视平线HL以及基本单位刻度的学习，两点透视的原理也就不难理解。

我们还是利用同一个房间平面图，EP为视点，箭头方向为视线方向，来讲解两点透视的绘制步骤。

步骤一

在绘图纸中央偏上部位画一条水平线，可适当延伸至纸外，做视平线HL。

根据画面内容，在HL中央稍偏的位置画一线段，这条线段称"真高线"，用H表示。将H三等分，其中每一份代表1m，作为基准单位（图4.25）。

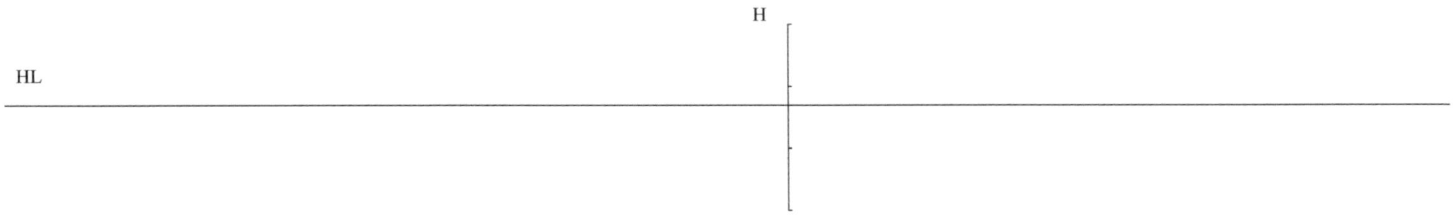

图 4.25

HL 位于 H 中央偏上。其中真高线 H 即为室内的西北墙角。H 在画面中尽量不居中，否则会使画面左右完全对称，显得呆板。

步骤二

在 HL 确定两个灭点 VP1、VP2,分别位于 H 线两侧，距真高线 H 的距离可设定为对应墙体长的 2 倍。分别连接 VP1、VP2 与 H 两个端点并延长，形成室内的天花脚线和地脚线（图 4.26）。

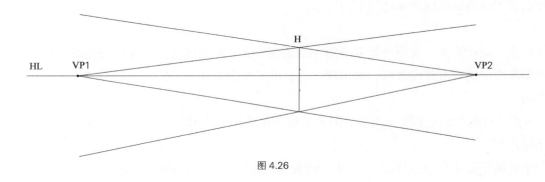

图 4.26

步骤三

在 H 底端做一条辅助测量线 GL，并根据房间进深和开间分别标注与 H 相同的基本单位刻度（图 4.27）。

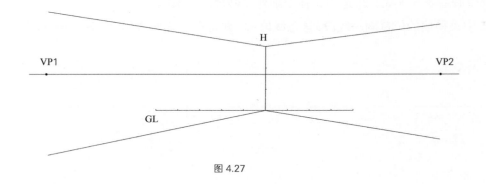

图 4.27

步骤四

在 HL 上确定两个测点 M1、M2，分别位于 H 两侧，距真高线 H 的距离为对应墙体长度。

分别连接 M1、M2 与 GL 上各个刻度，并延长交于两条地脚线。此时的交点 1、2、3、4、5 即地面透视 1m 分隔点（图 4.28）。

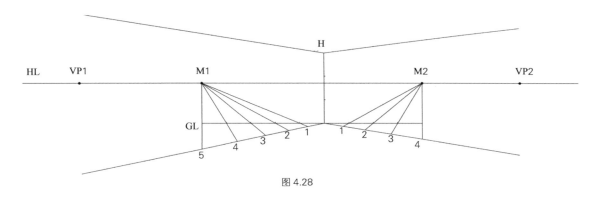

图 4.28

步骤五

过 VP1、VP2 做连接地脚线透视点的透视线，即可得到 4m×5m 的地面（图 4.29）。

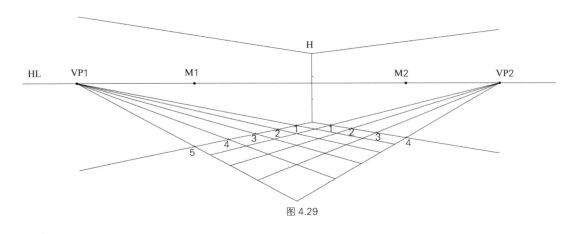

图 4.29

步骤六

连接 VP1、VP2 与 H 上刻度并延长，过地面透视点做垂直线，与天花脚线相交，再同步骤四可作出天花透视网格（图 4.30、图 4.31）。

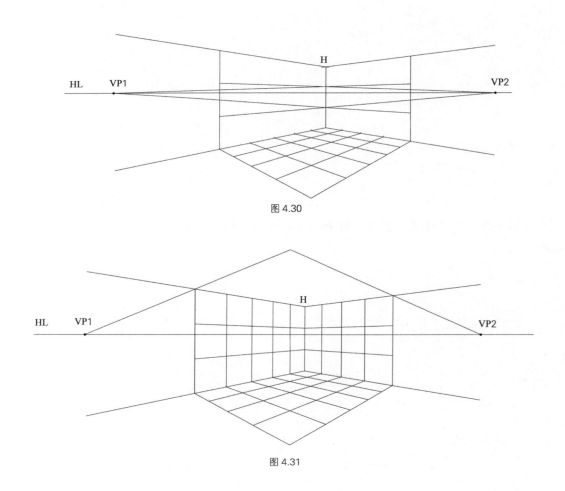

图 4.30

图 4.31

删除辅助线，可得到完整的室内透视框架网格，其中每一个格为 1m×1m（图 4.32）。

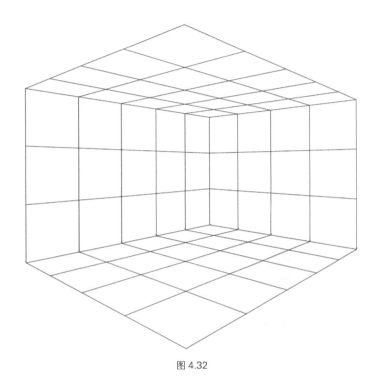

图 4.32

　　两点透视中，首先要注意的是真高线 H 的长度。H 过短则所有物体比例缩小，画面会紧缩在纸面中央；相反如果 H 过长，单位比例增大，就会过大以至于表现得不完整。其次就是灭点 VP1、VP2 的距离与视距有关，增加二者距离会扩大 60° 视域范围，使物体看起来更真实。另外就是 GL 上的单位刻度一定要与 H 上的一致。最后，在绘制两点透视图时，会有许多错综复杂的透视线，这些线会严重影响判断，故在绘图时可以注意画线的力度，有些线也可以只强调交点而省略线条。

3. 三点透视

在近距离表现高层建筑或是大场景鸟瞰图的时候，可以采用三点透视（图4.33a）。三点透视有三个灭点V1、V2、V3（图4.33b），其中V1、V2两个灭点还是在视平线HL上，垂直方向的灭点V3则是在通过视点EP的垂直线上。

图4.33a　作者：尹航　鲁迅美术学院

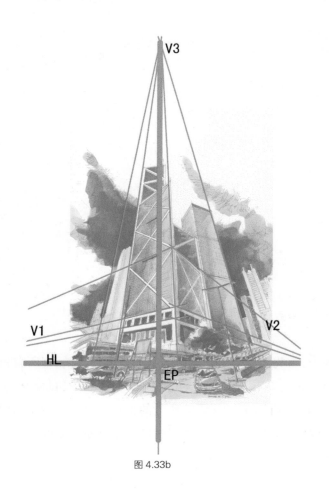

图4.33b

4. 多点透视

多点透视也叫散点透视，即从不同视点看到的建筑及周边环境的构筑物集中在同一个画面上，如：

①复杂地形上的多个方向不同的构筑物；

②景深较长的商业街；

③形状复杂的单体构筑物（图4.34）。

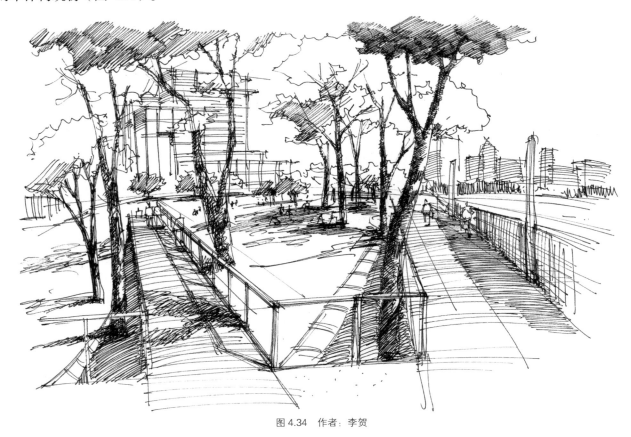

图4.34　作者：李贺

三、透视的视点选择

1. 视点位置的选择

视点的位置对透视效果影响很大，要根据不同的实际情况（依据作者所要表现的重点）进行选择。当视点距离所表现的场景越近，透视变化越强烈，画面给人感觉越活泼、富有动感、视觉冲击力强。相反，视点越远，透视越平缓，画面给人感觉越稳定、平静，有利于表现整个场景的完整形象。

2. 视点高度的选择

视点高度的选择取决于作者主观的表现意图。视点选择较低，表现的建筑及构筑物显得较高大。相反，视点选择越高，越适合表现场景的群体关系和大面积的景观场景，如鸟瞰图。

切忌视点高度是建筑或构筑物主体高度的一半，这种情况下，画面过于呆板，不生动，没有尺度感。

四、圆的透视

圆形作为一个最重要的基本图形之一，在设计领域内占据着举足轻重的位置。圆的透视较为复杂，形体变化微妙，如果仅凭目测或直观感受进行表现，往往会出差错。这就需要弄清圆形透视的原理，掌握标准制图的方法，在此基础上多实践，多总结，才能在表现图中熟练地画好圆形的透视效果。

1. 八点求圆法

首先要了解 8 点求圆法的原理（图 4.35）。

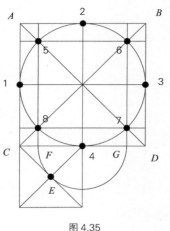

图 4.35

步骤一

求出圆的外切透视面 *ABCD*，并连接对角线找到各边中点 1、2、3、4（图 4.36）。

需要注意的是，此时的 *ABCD* 在透视框架中是正方形。

步骤二

以 *C*4 为边长做正方形，连接对角线得到 *E* 点。以 4 为圆心，*E*4 为半径做弧，与 *CD* 相交于 *F*、*G*（图 4.37）。

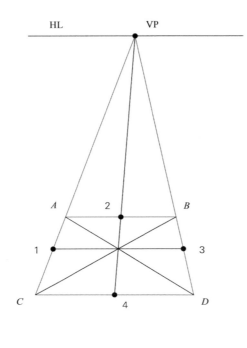

图 4.36

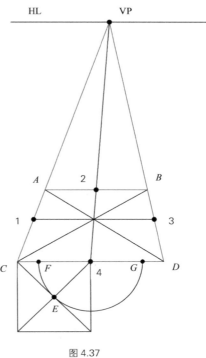

图 4.37

步骤三

分别连接 *F*、*G* 与灭点 VP，与 *AD*、*BC* 相交于 5、6、7、8（图 4.38）。

步骤四

依次平滑连接 1、2、3、4、5、6、7、8 各点，得到圆形透视（图 4.39）。

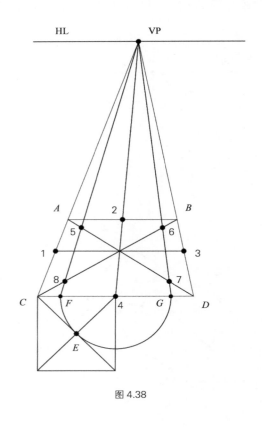

图 4.38

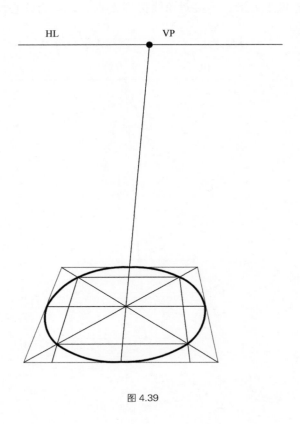

图 4.39

2. 徒手画圆的透视

通过严谨制图可以总结出圆形透视的几个要点：

首先，圆的透视是不对称的，也就是说圆的透视不是正椭圆，而是会出现近大远小的变化（图4.40）。

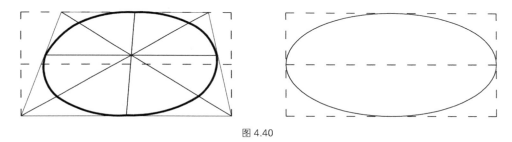

图 4.40

其次，圆的透视是有方向性的，其外切正方形的轴线方向即圆形透视的方向（图4.41）。

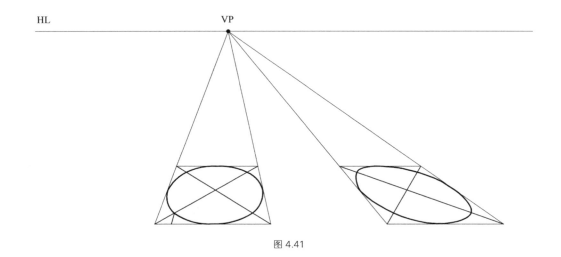

图 4.41

最后，圆的透视是一条平滑曲线，不会出现锋利的尖角（图 4.42）。

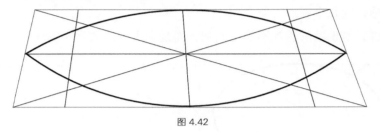

图 4.42

五、透视的实际应用

1. 一点透视的实际应用

一点透视效果图，如图 4.43、图 4.44。

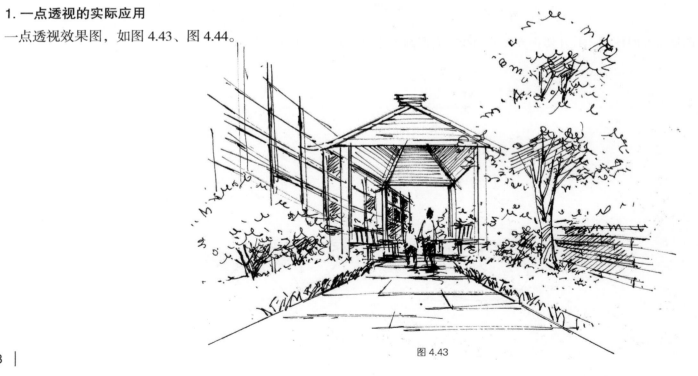

图 4.43

图 4.44　作者：李贺

2. 两点透视的实际应用

两点透视效果图，如图 4.45、图 4.46。

图 4.45 作者：李贺

图 4.46　作者：李贺

第五章
手绘的基本要素

一、构图的技巧

"所谓构图——乃是把画家的思想传递给他人的技巧，而作品的全部意义则取决于画面的构图。"——米勒

1. 构图的概念

我们应该明确地知道，在整个画面的范围内，并不是所有的部分都需要表现得淋漓尽致，必须有主次、虚实之分。画面中最忌没有重点，什么都画等于什么都没画。组织画面之前，必须要考虑所要表现的重点在哪里，必须尽你所能突出你要表现的重点，也必须安排好次要的部分，通过主观对近、中、远景的分析，设计好画面的节奏感，解决好主次部分间的过渡与衔接以及各部分所占画面的比例和位置，这就是构图，即：构图指在有限的平面空间里，合理的安排设计图纸中各个元素的位置，即画面线条的疏密、物体的比例、体积、空间、色块等在有限的平面上达到最佳的表现效果，从而使画面具有形式感和美感，更好地表现创作者的设计意图（图 5.1）。

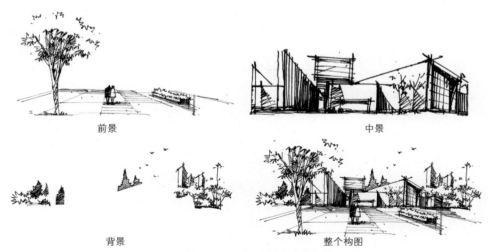

前景　　　　　　　　　　　　　　　　中景

背景　　　　　　　　　　　　　整个构图

图 5.1　远、中、近景的合理安排

2. 画面视觉焦点的位置选择

当我们面对画纸准备落笔之前，首先要考虑的是我们要突出表现的是什么？如何来表现这幅画的视觉焦点（也叫趣味中心）？我们把它布置在画面的什么地方？与之相配的景物如何处理？是概括还是删减，是留白还是相互遮挡？最后画面要达到怎样一个效果，从而更好地体现我们的创作意图？

构图首先要寻找和确定画面的视觉中心：可以是一座建筑、一组构筑物、一片水景甚至是一组石头，并以此去组织画面。尽量将设计重心或目标置于画面的居中范围（而不是画面中心），这样表现起来主次分明，重点突出，便于更好地体现设计主旨。通常的办法是把视觉中心的确切位置标注在纸的黄金分割处，或在九宫格的焦点上（图5.2、图5.3）。

所谓九宫格是从心理上划分的。据科学试验证明，如果把画面当作一个有边框的面积，把上、下、左、右四个边都分成三等分，然后用直线把这些对应的点连起来，画面中就构成一个"井"字，画面面积分成相等的九个方格，称为"九宫格"，井字的四个交叉点就

图 5.2　　　　　　　　　　　　　　　　　　　　　　　图 5.3

是趣味中心。这就是我国很早就有的"九宫格"构图方法。九宫格构图被应用到中国画、摄影、平面构成以及插画等各个领域，这样的构图看起来更有动感、更有趣，也更令人兴奋，不对称的布局避免了画面的单调，其他配景可以根据主题的位置进行合理配置，已达到画面的平衡。

图 5.4a 的画面中，主体建筑物的位置在画面中央，构图没有侧重，画面较为死板。而图 5.4b 的画面中，将需要表现的主体建筑物的位置移到九宫格的其中一个焦点处，使画面由静态变为动态，画面的空间分布变得更加有趣。

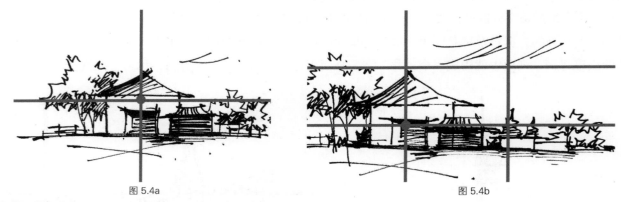

图 5.4a   图 5.4b

3. 增加画面的层次感

要想使画面看起来层次丰富，空间感强，则要求在视角选择时多动脑筋，思考怎样取景才能获得灵活多变的空间感。画面中所体现出的纵深范围称为景深，是在空间中视点位置到视线尽头的这段距离，在景深范围内出现的所有景物，在主观上我们将其分为三个层次：

①前景：视点范围内的景物，在画图上多表现为配景，主要作用是完善画面构图，增加细致描绘，或表现出现在空间内具有特色的典型性景物，以此来营造氛围，其具体内容可以是真实存在的，也可以是画面需要而虚拟的。

②中景：距视点有一定距离范围内的景物，是主要表现的内容，也是画面的主体，也是最能体现设计者意图的区域。应客观、真实的对待，清晰、明确的对设计内容加以表达。

③远景：视线终点处范围内的景物。主要作用是封闭空间，使画面更加完整，在表现过程中耗费的笔墨最少，常以虚化处理，只需概括出大体形象轮廓即可，不必进行深入刻画。

这三个层次的灵活安排是创造画面空间感的主要手段，具体步骤为：

首先，要整体着眼，对要想表达的画面做到心中有数，也就是打好腹稿。通过比较，确定最想表达的中心位置，确定与之有关的前景、中景、远景的关系；确定何处最亮、何处最暗、何处最实、何处最虚、何处留白处理。有了这些思考才能动手作画，才能选择视点、确定构图、合理地安排画面场景。

另外，构图前还要根据设计需要表现的内容，选择好要使用的透视方法、角度与视高，注重前景、中景、远景的组合以及相互遮挡的关系，使除主体外的其他配景亦成为画面内的有机组成部分。可先画一些小草图，建议尺寸不要超过 15cm×10cm，这样有利于把握整体效果，确定主景观位置和大体的明暗关系以及画面节奏，最后选定一幅，确定整体构图（图 5.5）。

整体构图左右不均　　　　　　　前后虚实处理不当　　　　　　　　选定构图

图 5.5

其间要注意几个要点：

看整体，定位置：从整体出发，定出中心所在的位置（最好在画面的黄金分割处）。

注意比例尺度和形体的透视：视平线的位置很重要，视角和透视的选取会直接影响到构图，而构图的好坏则直接关系到表现图的成败。而透视则是一张效果图的根本所在，透视不准，一切都是徒劳的。

突出主次：处理好画面的远近层次关系，疏密得当，富有节奏。

合理安排画面明暗关系及色调范围：画面中的亮部、灰部、暗部比例分配合理，切忌平均。根据所表现的主题，主观确定画面的色调冷暖，使画面整体色彩统一，既协调又有对比。

前景、中景、远景处理不当，画面容易出现过度拥挤、平淡、无层次、不平衡等缺点。切忌不要构图太满，一般纸的边缘要留出适当空白，构图太满令人窒息。

4. 合理分配画面的明暗关系

注意三个方面：

①视觉焦点在受光面，增加受光面的平面层次，减少灰面以及背光面的层次。

②视觉焦点在背光面，增加背光面的平面层次，减少灰面以及受光面的层次。

③视觉焦点在灰面，增加灰面的平面层次，减少受光面以及背光暗面的层次，亮部留白。

无论是哪种处理方法，都要注意，画面黑白灰所占的比例尽量不要等分，这样会使整个画面平淡无奇。要强调视觉焦点所在面的刻画，使其层次丰富，同时弱化其他两个面。

同样的构图，改变黑白灰所占画面的比例，达到的效果是完全不一样的。如图5.6所示，图左的黑白灰比例分配均匀，画面更趋于稳定、静态。图右黑白灰比例分配不均，给人以不平衡的动态感觉。再如图5.7、图5.8，同样的构图，巧妙地调整画面中黑白灰的分配比例，可以使同样构图的两幅图产生不同的画面效果。

图5.6　　　　　　　　　　　　　　　　　　　图5.7　　　　　　　　　　　　　　图5.8

无论你决定使用哪种处理手法，都应注意：

① 特别注重暗部和阴影的刻画。这并不是要求把精力全都放在刻画暗部和投影的层次、排线技法或是精确计算投影的大小形状等，而是要通过对暗部和投影的刻画，有时只是略略的点睛几笔，来突出物体的体积感与光感以及物体之间的空间感。强调投影的运用和作用是取得画面良好效果的一种手段。

② 注意留白，少即是多。

③注意画面虚实的对比。

二、线条的表情

线条是一幅画的骨架，我们用线条来表现空间关系、表现物体的结构、尺度、比例等等，画面一切的构建都取决于线条。线条本身也具有感情色彩，有的线条粗放、张扬，有的线条温柔、细腻，而有的线条则理性、简练。不同的表现目的需要不同的线条，而要得心应手地驾驭这些线条，需要长时间的练习。

在绘制效果图的过程中，要尽可能地做到徒手表现。徒手画线看似是手头上的功夫，其实是手眼配合的行为。我们可以通过画水平线、垂直线、斜线、平行线、曲线以及各种不规则线等方法来练习手眼配合能力（图5.9）。

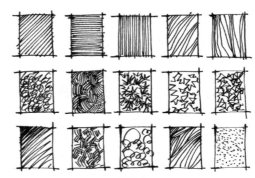

图 5.9

1. 各种线的类型

用来画效果图的线条大致可分为两种类型：工具线条与徒手线条。

工具线条即在绘制效果图的时候，借助尺规等工具绘制的线条。这样的线条清晰鲜明、均匀、准确，粗细、浓淡基本一样，只不过在绘制结构线、轮廓线、表现细节的线、阴影排线等线条时，用不同型号的笔加以区分。

徒手线条即不使用尺规等工具，完全用手绘制的线条。这样的线条有自己的表情，具有生命力与创造力，适用于快速画出效果图中比较灵活的物体，例如，小件的物品与构筑物、植物、山石、水体、人物、汽车等。徒手绘制线条可以激发你的创作热情，使你的灵感在纸上得到迅速体现。

用线条勾勒物体轮廓，最重要的一点就是线条之间要有"搭接和出头"，即两条线要有交叉。我们来对比两个画面，一是线条非常严谨的交汇，所形成的效果。二是线条之间有交叉和出头的效果。很明显画面一显得非常死板无趣，而画面二则有浓重的"绘画味"，显得生动而有活力（图5.10）。

图 5.10a

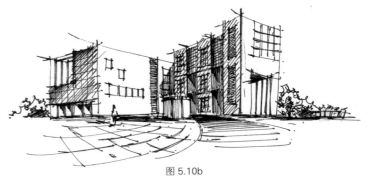

图 5.10b

2. 线条的组织结构

线条除了要注意运笔方法，还要讲究线条的组织结构。一条线画得再流畅也只不过是一条线，不能反映任何形象，线的组合就应该分清主次，强调主要的，舍弃不必要的和重复的，线条分布有疏密、有明暗、有对比、有强调。

排线主要是在整体块面中制造明暗层次，通过排线的多样化，反映所画物体的质感、体积感、光感和空间感。排线讲究韵律和节奏，讲究疏密、粗细、交叉、重叠、方向变化等，还讲究概括，要把所表现物体的丰富的明暗关系转为线条来表现，而不是调子，概括相邻的层次，甚至是留白。

如下图 5.11 所示，架空的房子是整幅画面的视觉中心，线条多样且明暗对比强烈，房檐的条状阴影和窗户的小黑块为建筑增加了细节和情趣。椰子树的高矮疏密变化为画面增加了节奏感。人物体现了画面的比例，同时平衡了构图。地面的用线随着地形的结构变化，前景寥寥数笔，使画面景深加强。

图 5.11　作者：李博男

图 5.12 是一幅建筑速写,作者注重画面的整体性,选择平稳构图,中规中矩。对建筑物的形体结构进行着重刻画,投影衬托出建筑物的外形,随建筑物的透视排笔,适当留白,使暗部更有趣味而不生硬。重复的笔触表现画面的连续性,画面层次丰富。楼梯的透视是难点。

图 5.12　作者:李贺

3. 暗部及投影的表现

受光面、灰面和背光面以及亮面、灰面、明暗交界线、反光和投影在素描中被称为三大面、五大调子,是任何物体明暗变化的规律。在绘制效果图的同时,我们应该时刻考虑光照对所表现物体的影响,有光线就有投影,要时刻意识到投影的存在,思考它是如何产生,怎样变化。了解所画投影如何为画面服务,从而使画面效果达到最佳,更好地突出设计。

投影使绘制的物体看起来更有立体感、更真实。画面中投影的存在使物体"落"在"地"或者"面"上,否则物体会看起来很"飘"。

画投影的技巧：

①投影本身也有深浅变化，贴近物体边缘的部位稍重一些，受到光线漫反射的影响，越到投影边缘颜色越淡（图5.13）。

②物体投影的形状必须符合物体本身（图5.14）。

图 5.13   图 5.14

③运用暗部和投影的关系表现物体的体积感，暗部反光部分往往是投影最重的地方，产生对比，使空间感更强（图5.15）。

④绘制暗部和投影时，笔触排列要有一定秩序，一般按45度角排列，或者按物体本身的形状、生长规律或者按画面透视角度排笔（图5.16）。

图 5.15   图 5.16

⑤起稿的时候，投影和暗部不必画过多笔触，可以上完颜色后再补充细节（图5.17、图5.18）。如图5.19，画面光感强烈，着重刻画暗部和投影。屋顶受光面大面积留白，只有少量的笔触来表现质感。房檐下投影部分排线密集，衬托亮部与反光。远处房屋和树木的暗部更好地衬托了主体，使画面明快、富有层次。

图 5.17

图 5.18

图 5.19　作者：李博男

三、马克笔基本用法及上色技巧

　　方便快捷、色彩明快是马克笔与其他绘画工具相比的最大特点，并且在不同的纸张上会产生不同的艺术效果。虽然马克笔只有百余种颜色，但是通过叠加、渐变及与其他各种材料工具相结合，更能准确而概括地画出物体的特点。

　　马克笔分水性和油性两种。水性马克笔笔尖坚硬，水溶性较差，比较容易形成叠加重复的笔触。油性马克笔水溶性较强，在大面积迅速着色时不留笔痕，挥发快，要掌握其特性才能更好地控制笔触。在这里，介绍几种马克笔的基本用法及上色技巧。

1. 平涂（图 5.20）

图 5.20

2. 渐变（图 5.21）

图 5.21

3. 叠加（图 5.22）

图 5.22

4. 马克笔与彩铅的结合（图 5.23）

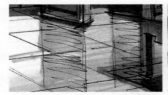

图 5.23

5. 马克笔与修正液结合（图 5.24）

图 5.24

马克笔使用起来随意、便捷，可以和任意工具结合使用，在这里不一一列举。

第六章
景观效果图的环境因素

景观效果图中的环境因素就是我们平常所说的配景。配景存在的意义就是烘托所设计主要场景的环境氛围。通过本章的内容介绍，希望大家不仅能够掌握配景画法的精要，更重要的是形成自己的一套配景搭配模式，用所学配景画法运用到自己的创作实践中去，恰到好处地运用环境氛围来烘托主体。要记住，配景绘制的好坏，不在于配景本身，而在于它的运用。

一、植物

植物是室外效果图中最常见的配景之一。相对于建筑、构造物、铺装等一些"硬质"景观来说，植物的形态是自然的、无定式的，属于一种"软质"景观。自然界中的植物种类繁多、形态万千。在画植物之前首先要了解植物的形态特征以及生长规律，学会对植物形态的概括，把复杂的形体概括为简单的几何形体，删减不必要的细节，着重表现它的体积、颜色和光感。我们可以把形态各异的植物大体归为乔木、灌木、花木和地面植被。

1. 乔木

乔木在景观效果图中起到重要的烘托气氛和丰富构图的作用，有时候甚至作为主要主景来表现。一般效果图中常见模式化的树木，即只求树的大形态和体积，细节少而精、简练概括。

北方常见乔木有：杨树、桦树、松树、银杏。南方常见乔木有：棕榈、椰子等。需要注意不同地区种植的树种不同，画图时要慎重选择。

树的细部非常重要，绘制的时候要注意树干一般下面较粗，往上逐渐变细，但不可粗细相差过多，树干上部一般分出两到三个主叉，然后散开，控制好树形。注意枝杈的生长规律，避免"规则式"和"鸡爪式"（图6.1）。树冠的形状多种多样，圆形、椭圆形、梯形、三角形等等（图6.2），绘制树冠的时候应注意大的素描关系，不要因为画细节而影响树冠的整体效果（图6.3）。表现树叶要有正确的笔触和运笔方向。把重点放在树干与树冠的暗部与投影，受光面无论是笔触还是颜色，都要画的简单粗略，甚至留白。

图6.4、图6.5所表现的树木为北方的乔木和云杉。下笔之前首先要了解植物的形态特征，对树木整体形态概括为简单的形体，着重表现它的体积感，分出受光面和背光面即可，最后加入明暗过渡处的细节，按照植物的生长规律进行排线，排线要灵活，不要太刻板。

如图6.6、图6.7与图6.8所示，在对植物进行上色的时候，应注意：每种植物的颜色不宜过多，一般三种颜色即可，最好是同一色系的浅色、中间色以及饱和度和明度较低的深灰色，尽量不要选择饱和度较高的纯色，这样画出来的树木颜色整体不会太过。画面重点应放在树叶与树干的投影部分，受光面区域适当留白。

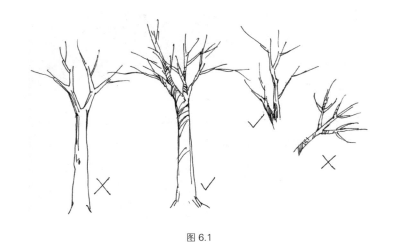

图 6.1

图 6.2

图 6.3

图 6.4

图 6.5

图 6.6

图 6.7

图 6.8　作者：李博男

2. 灌木

灌木多低矮、自然形，体积感较强，多为团状成组分布，外形为不规则自由线（图 6.9、图 6.10）。

剪形绿篱轮廓线相对平整，亮面、灰面、暗面分的比较清楚，成条状分布（图 6.11）。

灌木类植物起到点缀画面，丰富画面层次，填充色块，遮挡建筑和构造物边缘线等作用，是画面不可缺少的中间环节。

图 6.9   图 6.10   图 6.11

3. 花木

花木不可多用，不可细画，仅起到点睛作用（图 6.12）。

图 6.12

4. 地面植被

地面植被指草皮绿地，起衬托作用。线稿以短线为主，按其生长规律排线，近密远疏。马克笔上色概括简练果断，可大面积留白（图6.13）。

图 6.13

植物画的好坏直接关系到设计的表现和最终图面效果。近景植物枝干表达要清楚，枝干与叶片应前后遮挡，表现其空间关系，类似于中国画的白描。另一种画法是只表现植物的轮廓，马克笔上色只给一个简单纯度较低的颜色，用笔讲究节奏感。中景植物表现的是植物的大体形态，细节相对较少，但在空间关系和颜色层次上比较丰富。远景植物只是给出整体轮廓，用色简单，纯度较低，以衬托主景为主要目的。

优秀的效果图应具备丰富的层次和空间感。有层次的画面，看起来会生动活泼，感染力强。在画面上要表现树木的近景、中景、远景三度空间，要运用透视的法则进行虚实处理，可以遵循以下的规律和方法：近景树木形体结构、明暗变化简单概括，对比强烈；中景树木着重表现其形态，结构不是很明显，颜色层次丰富；远景树木距离远，只有外形特征，由于大气透视的缘故，颜色偏灰，可用一两种灰色一带而过。近景、中景、远景树木切忌用相同的颜色表现。我们通过此规律，为突出所要表现的景观重点，有意识地减弱近景、远景的层次，更好地表现主题，传递画面信息。

5. 植物平立面的表现

植物在景观规划的平面图中具有强化景观结构、围合空间、丰富画面等作用。在平面图中，植物以规则式或是自由式种植来形成丰富的平面效果，部分空间的围合是通过树丛和单体树的结合种植来表现的。植物的配置也要做到疏密有致、搭配合理，形成植物景观带、密林、疏林等多个层次。

单体植物的平面绘制常用圆形来表示，不同的树种在细节上要有所区分。大乔木的直径通常为 5～6 米，小乔木 3～4 米。树丛则不易画得过大或过小，树丛要画得饱满，常与单体树配合在一起产生生动灵活的平面效果（图 6.14）。

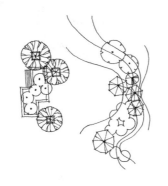 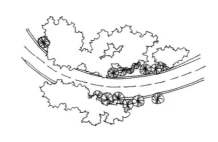 

图 6.14

平面图中的植物用色要单纯，以绿色为主，但是对于重点描绘的景观树种或者要强调丰富的植物配置，可以选用其他颜色，如紫色、粉红色或橘红色等，以增加平面图的表现力（图 6.15、图 6.16）。

景观立面图中，植物的表现应符合自身的形态特点，树形明确（图 6.17），乔、灌、花搭配合理，色彩统一但有变化，主要景观树与背景树区别对待（图 6.18、图 6.19）。

图 6.15   作者：黄狄   北京标准营造事务所

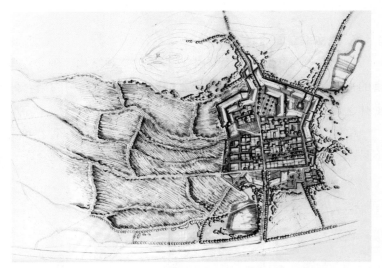

图 6.16   作者：黄狄   北京标准营造事务所

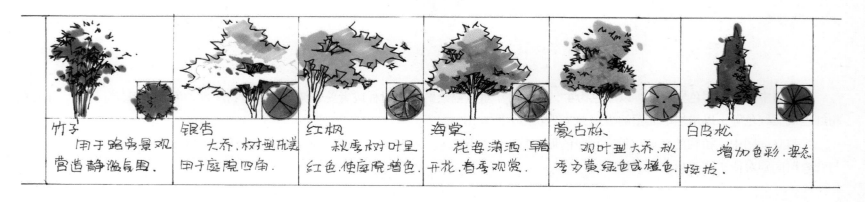

竹子
　　用于路旁景观
营造静溢氛围.

银杏
　大乔.树型优美
用于庭院四角.

红枫
　秋季树叶呈
红色.使庭院增色.

海棠
　花海潇洒.早春
开花.看季观赏.

蒙古栎.
　观叶型大乔.秋
季为黄绿色或橙色.

白皮松
　增加色彩.姿态
挺拔.

图 6.17

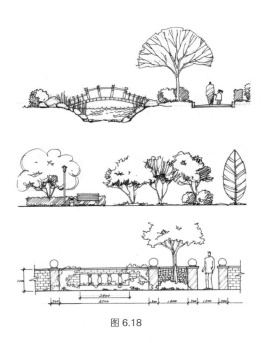

图 6.18

图 6.19　作者：李博男

二、山石、水体

　　山石和水体总是相互衬托的，无论在中国传统山水画还是近代规划效果图中都会经常见到山石水的结合，创造出优雅、灵动的景观效果。

　　山石的造型千奇百怪，质感也相对复杂，坚硬挺拔、圆润自由，一般组合出现。石头不仅与水配合，有时或以假山的形式出现或作为配景放置于草坪、花坛、路边等，起到点缀作用。石头的颜色不要太复杂，基本用冷灰色或者暖灰色，按石头本身的结构来处理。要注意亮部留白的处理和天光、环境色对石头颜色的影响（图6.20、图6.21、图6.22）。

图 6.21　作者：王怡璇

图 6.20　作者：李博男

图 6.22　作者：王怡璇

水体分静态和动态两种。画水就是画倒影，静态水以湖面为例，根据湖周围建筑物与植物的分布来决定湖面倒影的位置，画倒影的方法是：以折线为主，上紧下松，笔法概括简练，笔速要快，不需要如实地反映细节，注意大面积的留白。动态水以河流、小溪、喷泉为例，用笔少而快，线条不宜过多，除倒影外水体颜色不宜过重，体现动态水薄而透的效果，有时则需要用修正液或白色水粉做最后点缀（图 6.23、图 6.24、图 6.25）。

图 6.23

图 6.24

图 6.25　作者：李博男

三、铺装

　　室外铺装的形式也是多种多样，包括包括石材、砖材、木材等等（图6.26），表现铺装的时候最重要的就是遵循透视规律，近大远小。近处的铺装相对来说细节较多，可以表现出其材料质感及细节，远处的要画的概括，不要画得太满，适当留白（图6.27、图6.28）。另外，还要注意不同材质相互的衔接及收边处理（图6.29）。

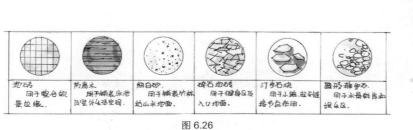

图6.26

图6.27

图6.28

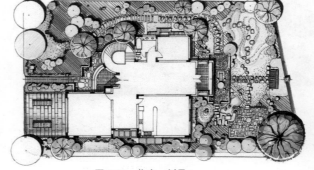

图6.29　作者：刘晨

四、人

人是景观效果图中重要的配景之一，画面中人物的位置、动势、刻画的程度、衣着的颜色等为衬托画面整体起到十分重要的作用，原因有四：

（1）人是一把尺子，是衡量空间尺度的标准，是画面的重要参照物。

（2）点缀画面，使画面生动活泼，增加气氛。

（3）遮挡不必要的表现，如大面积空白及绵长的构筑物边缘、地平线等。

（4）补充画面的构图，使画面层次丰富，有节奏感。人物的疏密组织对效果图的构图有补充和调节的作用，人物只能出现在其该出现的地方，不要画蛇添足。

我们大致把效果图中的人物区分为近景人、中景人和远景人。

近景人：细画的近景人做补缺遮挡用，只有轮廓线的近景人在画面较堵的时候，通常留白处理（图6.30）。

中景人：多数体现了人物的动态、情节等，在衣物、表情上有细节（图6.31）。

远景人：即我们通常所说的草图人、概念人、口袋人。通常只有轮廓，没有细节，两或三个人为一组出现在画面里，只需要画出人物大致的动态即可（图6.32、图6.33）。

图 6.30　近景人

图 6.31　中景人

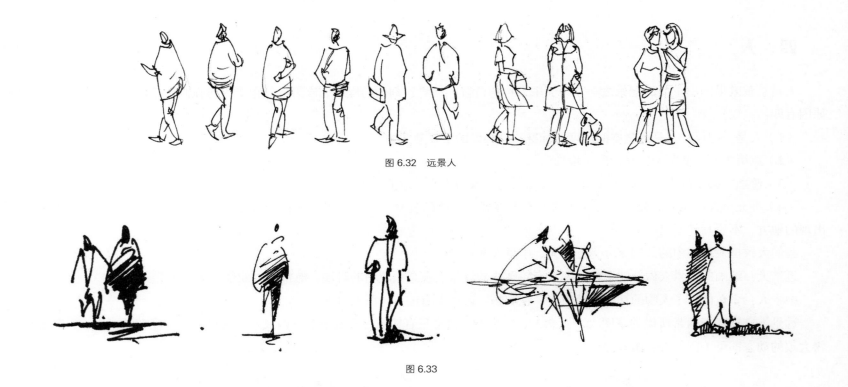

图 6.32　远景人

图 6.33

人物表现中应注意的问题：

（1）人物的透视、比例是否正确。正常视高画面中所有人物，无论远近，头部大致在一条直线上，也就是视平线。人本身的比例关系是否正确，一般大约画到 7 个半到 8 个头高。还有就是与周围景物的比例关系是否正确。

（2）人物的造型是否与画面相吻合，包括人物的衣着与季节，人物的身份与环境等。人物的投影是否与画面中其他物体的投影相一致。

（3）画面中的人物应该起到点缀画面的作用，人物画得过多会遮挡所要表现的主体景观，得不偿失，喧宾夺主。

（4）如果自己的绘画功底不是很好，对人物的表现没有信心，不要勉强，请在平时多多练习，不断实践积累经验，直到能够熟练绘制。

五、环境气氛

环境气氛主要指城市家具和汽车，是效果图里重要的配景，一般都安排在画面的近景及中景处，与周围环境相符合。它们是效果图里的一把尺，我们可以通过其比例尺度大小，来推测整个环境的尺度感。另外，还可以通过布置城市家具和汽车的位置、方向以及疏密，平衡整个画面的构图，烘托环境气氛。

城市家具是指城市公共设施，如休息座椅、指示牌、垃圾桶、电话亭、路灯、雕塑小品等（图6.34、图6.35、图6.36）。

图 6.34　休息椅

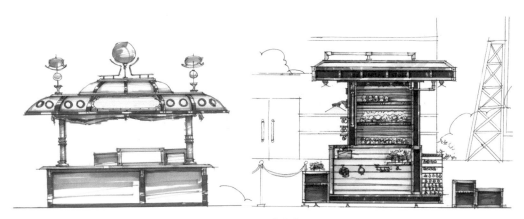

图 6.35　售货车

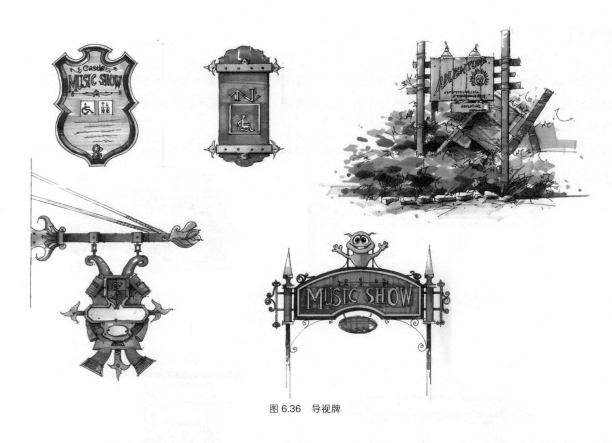

图 6.36　导视牌

　　画汽车的方法是先将汽车当成最简单的几何体，然后逐渐添加细节，直到完成（图 6.37）。汽车作为效果图配景，应画得简洁概括，不应喧宾夺主（图 6.38）。

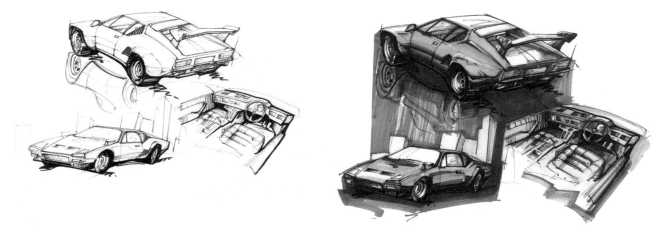

图 6.37　作者：姜楠　沈阳建筑大学

图 6.38　作者：姜楠　沈阳建筑大学

在表现图中，配景所占的比例不多，但是传达给观众的信息却是丰富的，没有好的配景做烘托，创作主体的表现会显得单薄、苍白，画面氛围不够，影响最终效果。我们不仅要掌握上述所介绍各类配景的画法，更要掌握各种配景的组合以及它们与主体的关系。

仔细观察图 6.39 的配景，画面有几棵树，几个人，几辆车？它们各自的画法如何？远景和近景是如何处理，在画面里是怎样分配的？

建议：

（1）多搜集配景素材，养成画草图日记的习惯，日积月累，坚持不懈。

（2）可以参照一些优秀的效果图，分析一下其配景的组合方式和处理方法。

（3）可以扫描一些现有的手绘配景资料，在 Photoshop 里进行处理，去掉背景，进行分类。这样可以把这些配景素材直接"贴"到自己的效果图上，省时省力。

图 6.39　作者：罗田

第七章
马克笔景观效果图的绘制方法

一、马克笔景观效果图的绘制步骤

1. 绘制线稿

根据现有的资料（平面图、立面图以及一些参考图片），确定选择哪一种透视，目的是为了更好地表现设计主题。确定视平线的位置，尽量定在人视点，这样表现出来的画面会更加接近真实感。确定所要表现景观主体的位置（最好在画面的黄金分割处），用铅笔画出各部分景观大致的位置（图 7.1）。

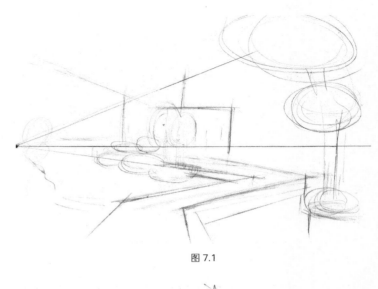

图 7.1

2. 细化线稿

确定远景、中景、近景，清楚三者之间的关系，做必要的遮挡处理，这样才能更好地体现画面的进深感，突出主体。进一步完成线稿，要注意所画线条的表情，哪些需要严谨，哪些又是随意开放的，适当用针管笔画出明暗，尤其对阴影部分要有所强调（图 7.2）。

图 7.2

3. 色调安排以及着色技法

在心中确定近景、中景、远景的大体色调。中景部分着重处理，线条多变，色调层次丰富；远景和近景做简单处理，色调要单纯，适当降低饱和度。

接下来开始大面积铺色，由于画面种植物部分较多，我们可以先从植物开始，近景、中景、远景植物颜色要分开，绝不能用同样的一组颜色表现。接下来是水体、构筑物，最后是人物和天空。要注意画面的留白和远景的处理，不要画得太过（图7.3）。

图 7.3

4. 后期处理

调整画面，局部可以加上一些重色。保持留白，提出高光，对中景部分可以适当用彩铅调整，使色彩更加丰富，细节更加明确，画面层次更加分明（图7.4）。

图 7.4

5. 结合电脑绘制

　　用扫描仪把完成的效果图进行扫描，然后在 Photoshop 里对画面进行调整（使用 CTRL+U、CTRL+L、照片滤镜等命令），使对比度、饱和度加强，色彩倾向更加明显，可以把以前搜集的人物以及植物的素材贴到画面适当的位置，增加画面层次感，达到自己满意的效果（图7.5）。

图 7.5　作者：王怡璇

二、实例

实例一：海岸气球

1. 绘制线稿并细化（图 7.6）。

图 7.6　海岸气球 1　作者：尹航

2. 快速、大面积铺出天空及水面的颜色（图7.7）。

图 7.7　海岸气球 2　作者：尹航

3. 铺出沙滩及木栈台的颜色，此时，画面的主色调已定（图 7.8）。

图 7.8　海岸气球 3　作者：尹航

4. 加入点缀色，使画面看起来更加生动活泼（图 7.9）。

图 7.9　海岸气球 4　作者：尹航

实例二：骑摩托车的人

1.直接用冷灰色马克笔绘制底稿，然后用针管笔细化（图7.10）。

图 7.10　骑摩托车的人 1　作者：尹航

2. 快速、大面积铺出天空及植物的颜色，用笔快速活泼、干净利落（图 7.11）。

图 7.11　骑摩托车的人 2　作者：尹航

3.画面的主色调为棕褐色系，铺出画面中所有棕褐色系部分，做到近景笔触丰富细致，远景笔触概括简练（图 7.12）。

图 7.12　骑摩托车的人 3　作者：尹航

4. 加入点缀色及阴影，使画面看起来层次更加丰富（图7.13）。

图 7.13　骑摩托车的人 4　作者：尹航

5.画面局部效果：笔触生动自然，颜色层次丰富，节奏感强。主体色调统一中有对比，概括中有细节，表现力强，个人风格强烈（图7.14）。

图 7.14　骑摩托车的人局部效果　作者：尹航

6. 用冷灰和灰绿色系丰富天空和植物的色彩，同时加入细节，做最后调整（图 7.15）。

图 7.15　骑摩托车的人 5　作者：尹航

第八章
作品赏析

一、学生作品

图 8.1　作者：王怡璇

图 8.2　作者：牛丹华

图8.3 作者：牛丹华

图8.4 作者：刘晨

图 8.5　作者: 刘晨

图 8.6　作者: 刘晨

图 8.7 作者：崔璀

图 8.8 作者：王怡璇

图 8.9 作者：王怡璇

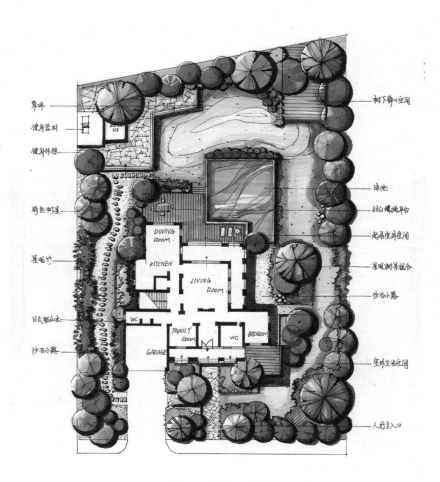

树下静心空间

草坪

健身器材

健身休息

泳池

特色润景

BBQ烧烤平台

起居室外空间

景观灯

景观润景组合

步石小路

日式枯山水

沙石小路

室外生活空间

人行主入口

DINING ROOM

KITCHEN

LIVING ROOM

WC

FAMILY ROOM

WC

BEDROOM

GARAGE

图 8.10　作者：王怡璇

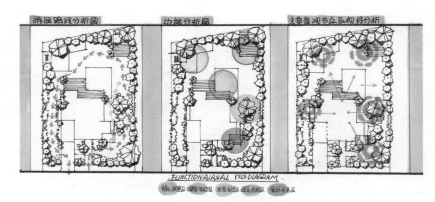

花园路线分析图　　功能分析图　　主要景观节点及视线分析

FUNCTIONAL ANALYSIS DIAGRAM

图 8.11　作者：王怡璇

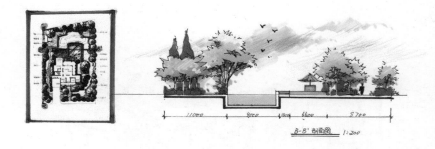

B-B' 剖面图 1:200

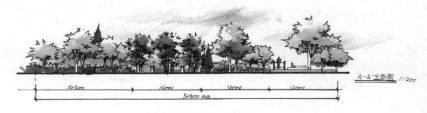

A-A' 立面图 1:200

图 8.12　作者：王怡璇

图 8.13　作者：郑艳艳

图 8.14　作者：包兰兰

图 8.15 作者：郑艳艳

图 8.16 作者：程汉超

图 8.17　作者：程汉超

图 8.18　作者：张坤

二、优秀效果图欣赏

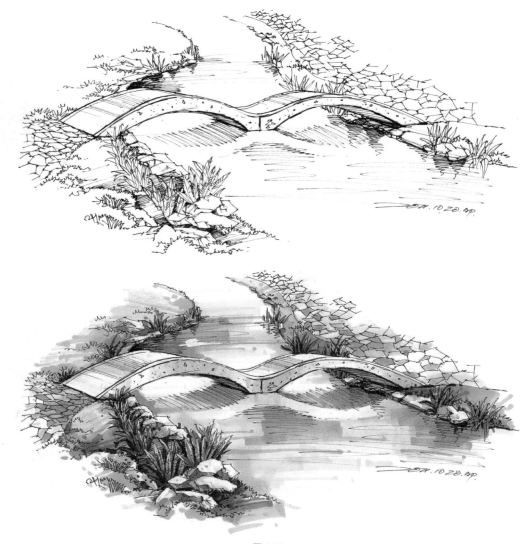

图 8.19

图 8.20　作者：安鹏

图 8.21　作者：安鹏

图 8.22　作者：安鹏

图 8.23　作者：安鹏

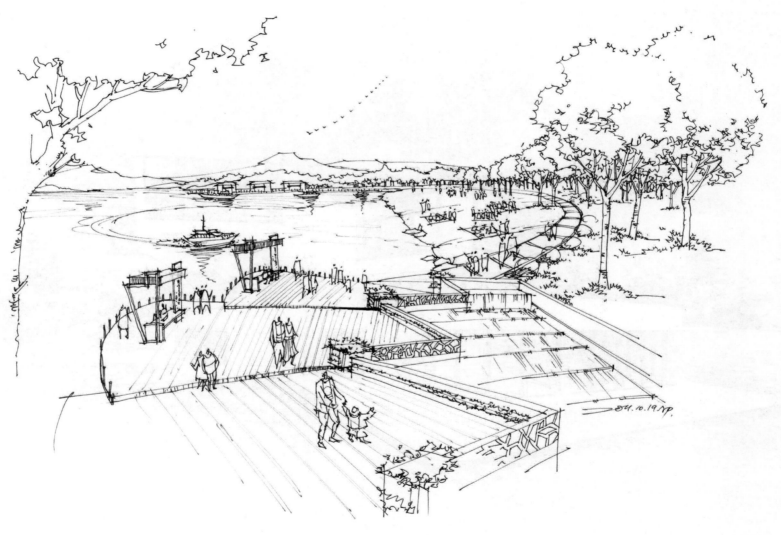

图 8.24 作者：安鹏

图 8.25 作者：安鹏

图 8.26　作者：安鹏

图 8.27　作者：安鹏

图 8.28　作者：安鹏

图 8.29　作者: 安鹏

图 8.30　作者：安鹏

图 8.31　作者: 安鹏

图 8.32　作者：安鹏

图 8.33　作者：安鹏

图 8.34 作者：安鹏

图 8.35　作者：安鹏

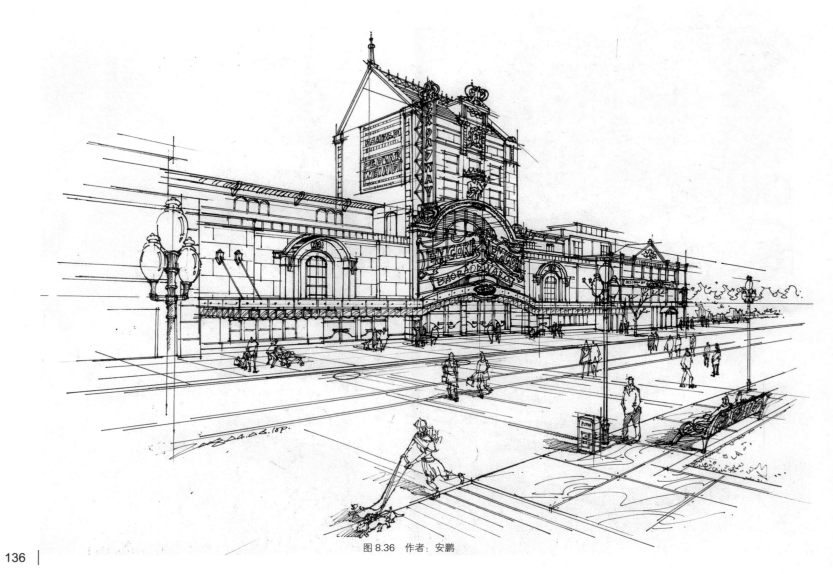

图 8.36 作者：安鹏

图 8.37 作者：安鹏

图 8.38　作者：安鹏

图 8.39　作者：安鹏

图 8.40　作者：安鹏

图 8.41　作者：安鹏

图 8.42　作者：安鹏

图 8.43　作者：安鹏

三、实际案例欣赏

工具：马克笔、彩铅

作者意在表现整个欢乐世界游乐场中各个游戏项目的实际场景，突出游乐场欢快、活泼、商业化的气氛（图 8.44）。

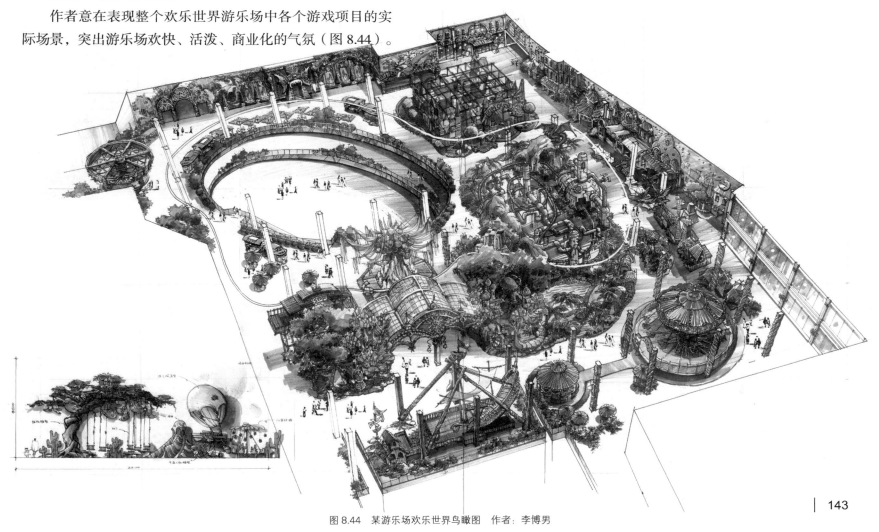

图 8.44 某游乐场欢乐世界鸟瞰图 作者：李博男

工具：马克笔、彩铅（图 8.45、图 8.46、图 8.47、图 8.48）

图 8.45　游乐场景观立面图 1　作者：李博男

图 8.46　游乐场景观立面图 2　作者：李博男

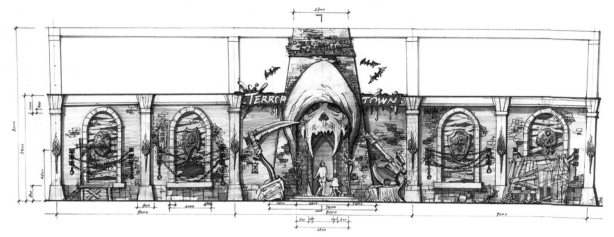

图 8.47　游乐场景观立面图 3　作者：李博男

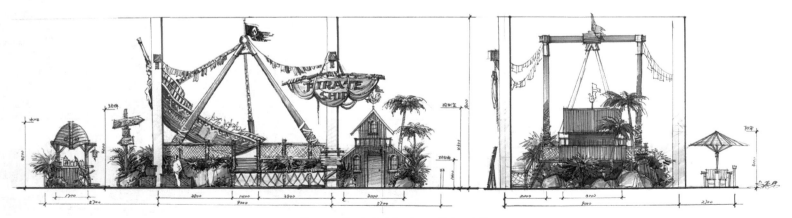

图 8.48　游乐场景观立面图 4　作者：李博男

工具：马克笔、彩铅（图 8.49、图 8.50、图 8.51）

景观立面效果图主要表现的是材料、尺度感、地形高低变化、各部分景观之间的比例关系以及环境氛围。在做实际案例的时候，其实不必画出每个空间的透视效果图，只要把各个方向的景观立面图表现到位，就会实现事半功倍的效果。

图 8.49　游乐场景观立面图 1　作者：李博男

图 8.50　游乐场景观立面图 2　作者：李博男

图 8.51　游乐场景观立面图 3　作者：李博男

工具：水彩、彩铅、电脑（图 8.52）

根据所给平面，确定最佳表现视角、透视方法以及构图。

图 8.52　某游乐场共享大厅效果图　作者：李博男

工具：水彩（图 8.53）

图 8.53 某游乐场效果图　作者：李博男

工具：马克笔（图 8.54、图 8.55、图 8.56、图 8.57）

在草图策划阶段，首先要确定你所要表现的目标和范围，搜集并整理相关资料，挑出对自己有用的素材，打好腹稿，然后进行二次组合和创作；同时要考虑空间关系、透视方法和构图，可以先画出简洁、直观的草图，然后再正式起稿、上色。使用马克笔着色时，要把握环境的色彩氛围，对整体色调进行控制，色彩简单明了，做到既有对比，同时画面整体和谐统一。

图 8.54　某主题公园景观效果图 1　作者：尹航　鲁迅美术学院

图 8.55　某主题公园景观效果图 2　作者：尹航　鲁迅美术学院

图 8.56　某主题公园景观效果图 3　作者：尹航　鲁迅美术学院

图 8.57　某主题公园景观效果图 4　作者：尹航　鲁迅美术学院

工具：马克笔（图 8.58、图 8.59、图 8.60）

图 8.58　某主题公园景观效果图 1　作者：尹航　鲁迅美术学院

图 8.59　某主题公园景观效果图 2　作者：尹航　鲁迅美术学院

图 8.60　某主题公园景观效果图 3　作者：尹航　鲁迅美术学院

工具：马克笔（图 8.61、图 8.62、图 8.63）

图 8.61　哥特风格城市街景效果图 1　作者：尹航　鲁迅美术学院

图 8.62　哥特风格城市街景效果图 2　作者：尹航　鲁迅美术学院

图 8.63　哥特风格城市街景效果图 3　作者：尹航　鲁迅美术学院

工具：马克笔（图 8.64、图 8.65）

图 8.64　商业街景观效果图 1　作者：尹航 鲁迅美术学院

图 8.65　商业街景观效果图 2　作者：尹航 鲁迅美术学院

工具：马克笔（图 8.66）

图 8.66　城市江景鸟瞰图　作者：尹航　鲁迅美术学院

工具：马克笔、彩铅、电脑（图 8.67）

图 8.67　生态园景观效果图　作者：李博男

工具：针管笔、电脑上色（图 8.68）

以下的几张效果图都是以手绘为主，电脑辅助完成，具体步骤如下。

（1）手绘出线稿，线稿尽量细化。

（2）用马克笔简单着色，彩铅调整，主要是对画面的主色调进行控制。

（3）把画好的效果图扫描入电脑，用 Photoshop 打开，进入细节调整阶段。针对画面的视觉中心进行调整，如点缀色的加入、暗部再处理、留白以及高光的处理等等。必要时可加入人物和植物的素材，补充构图，强化空间感。

（4）进入整体调整阶段。看画面的主色调是否与主观想象相符合，运用调整画面亮度、对比度、色相、照片滤镜等命令，对画面进行调整。整体色调调整时要注意冷暖群关系的大对比以及色彩秩序。

图 8.68　景观小品效果图　作者：李博男

工具：针管笔、电脑上色（图 8.69）

图 8.69　某室外游乐场景观效果图　作者：李博男

工具：电脑辅助建模、马克笔（图 8.70）

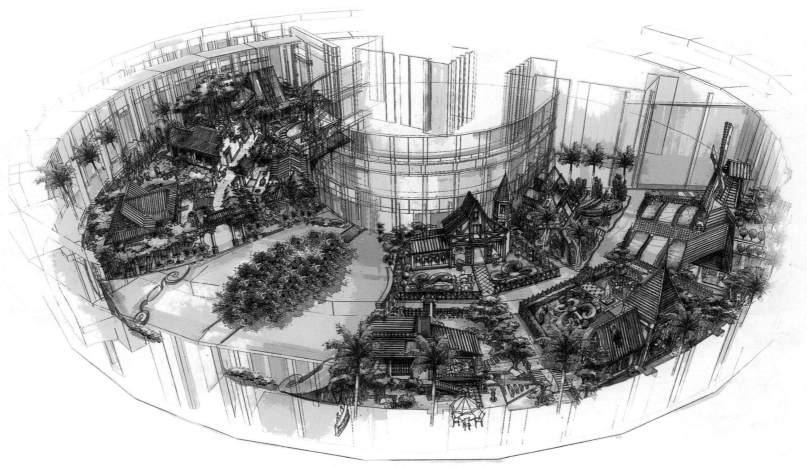

图 8.70　某室内生态园景观鸟瞰图　作者：邓明　东北大学工业设计系　李博男

工具：马克笔、彩铅（图8.71）

图 8.71　魔法小镇效果图　作者：李博男

工具：马克笔、彩铅（图 8.72）

景观小品船屋是某室内生态园景观的一部分，该区域以观赏休闲为主，四周是石壁跌水，奇花古木，设计师根据环境及功能的需要，设计出新颖别致的船屋，既是与主题风格相呼应的小景，又是人们休息观景的功能区。设计师参考了电影《驯龙记》的场景，在脑海中形成船屋的具体样式，然后画出船屋的效果图、立面图，作为施工时的参考。

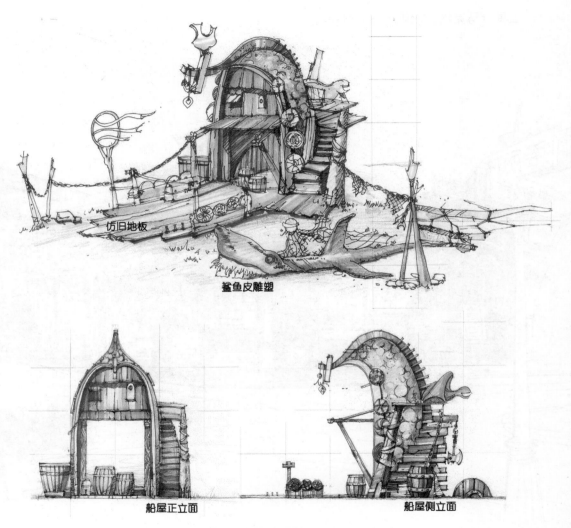

仿旧地板

鲨鱼皮雕塑

船屋正立面

船屋侧立面

图 8.72　景观小品船屋效果图、立面图　作者：靳丹丹

工具：彩铅、马克笔（图8.73）

图 8.73　某度假村翡翠湖景观鸟瞰图　作者：李博男

工具：马克笔、彩铅（图8.74）

图 8.74　某游乐场大门景观效果图　作者：李博男

工具：水彩（图 8.75、图 8.76）

用水彩表现效果图首先要裱纸（尽量选择吸水性好的水彩纸），然后调色，工具携带也很不方便，便携性较差。但是因为水彩颜色不受限制，绘画过程比较自由、随意，表现的场景水润灵动，绘画步骤由浅入深，后期调整也可以结合马克笔、彩铅、水粉等其他材料和工具，在国外仍将其作为效果图主要的表现手法之一。

图 8.75　某极地海洋公园入口大厅效果图　作者：邓明　东北大学工业设计系　李博男

图 8.76　某游乐场临水城堡景观效果图　作者：邓明　东北大学工业设计系　李博男

工具：针管笔绘制线稿、电脑着色及后期处理（图 8.77）

手绘线稿加电脑处理的方式方法如下：

如果场景空间结构比较复杂，自己寻找透视角度及最佳视点比较困难，并可以借助电脑建模形成大的空间结构关系，不必细化，然后选择适当的角度出图，并可以多出几个角度进行对比，选择最佳角度画出准确的透视线稿，按正常效果图绘制步骤进行着色，完成画面。最后还可以把完成的效果图重新扫描入电脑，通过电脑拼贴一些平时积累的手绘素材，或者重新调整画面的明暗、对比度、饱和度以及色相等，达到自己满意的效果。

或者可以在完成线稿之后，将线稿直接扫描入电脑，用 Photoshop 着色。注意要选择适当的笔刷效果，分层着色。例如，天空一层、植物一层、构筑物一层、人物一层等，这样便于后期的调整及修改。

图 8.77 某大型主题公园老子出关景观效果图 作者：李博男

工具：综合技法（图 8.78）

图 8.78　某游乐场鸟瞰图　作者：李博男

参考文献

[1] 柴海利. 国外建筑钢笔画技法. 南京：江苏美术出版社，2004.

[2] R S 奥列弗. 奥列弗风景建筑速写. 南宁：广西美术出版社，2003.

[3] 达克 E 达里. 美国建筑效果图绘制教程. 上海：上海人民美术出版社，2008.

[4] 麦克 W 林. 设计快速表现技法. 上海：上海人民美术出版社，2006.

[5] 韩光煦，王珂. 手绘建筑画. 北京：中国水利水电出版社，2007.

[6] 崔笑声. 设计手绘表达. 北京：中国水利水电出版社，2005.

鸣谢

感谢鲁迅美术学院马克辛教授，是您向我展示了另一个多彩的世界！

感谢东北师范大学美术学院王铁军教授的指导和支持！

感谢我的朋友李贺、尹航、安鹏、尤洋、黄狄、邓明、姜楠的支持并提供宝贵的资料给我！感谢为本书提供效果图的所有学生和设计人员！特别感谢牛美华、崔璀、王怡璇，感谢你们真诚无私的帮助！

感谢大连理工大学出版社！

感谢我的家人！

李博男

2014 年 5 月